种子

成熟期

出苗期

吐絮期

苗期

铃期

现蕾期

开花期

图1　棉花生长周期（部分图片来自网络）

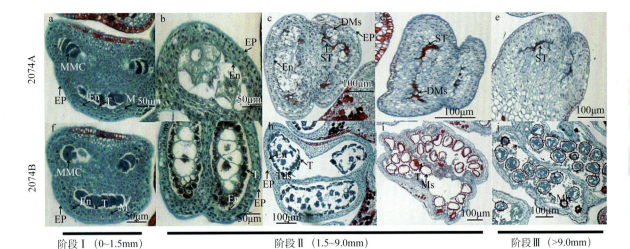

图2　棉花细胞质的不育系2074A和保持系2074B花药发育比较分析

EP：外皮层　En：内皮层　M：中层　T：绒毡层　MMC：小孢子母细胞　Tds：四分体
Ms：小孢子　DMs：降解的小孢子　ST：皱缩的绒毡层　Mp：成熟的花粉粒

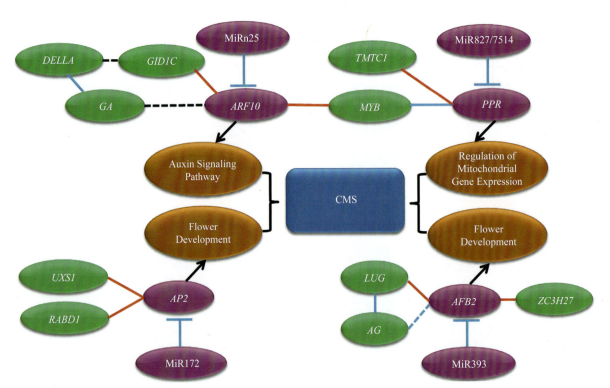

图3　miRNA调控CMS发生模式图

图4　注射 VIGS-lncR67 植株表型

a，d，g：对照与转基因植株盛花期花朵　b，e，h：花药　c，f，i：花粉活力检测

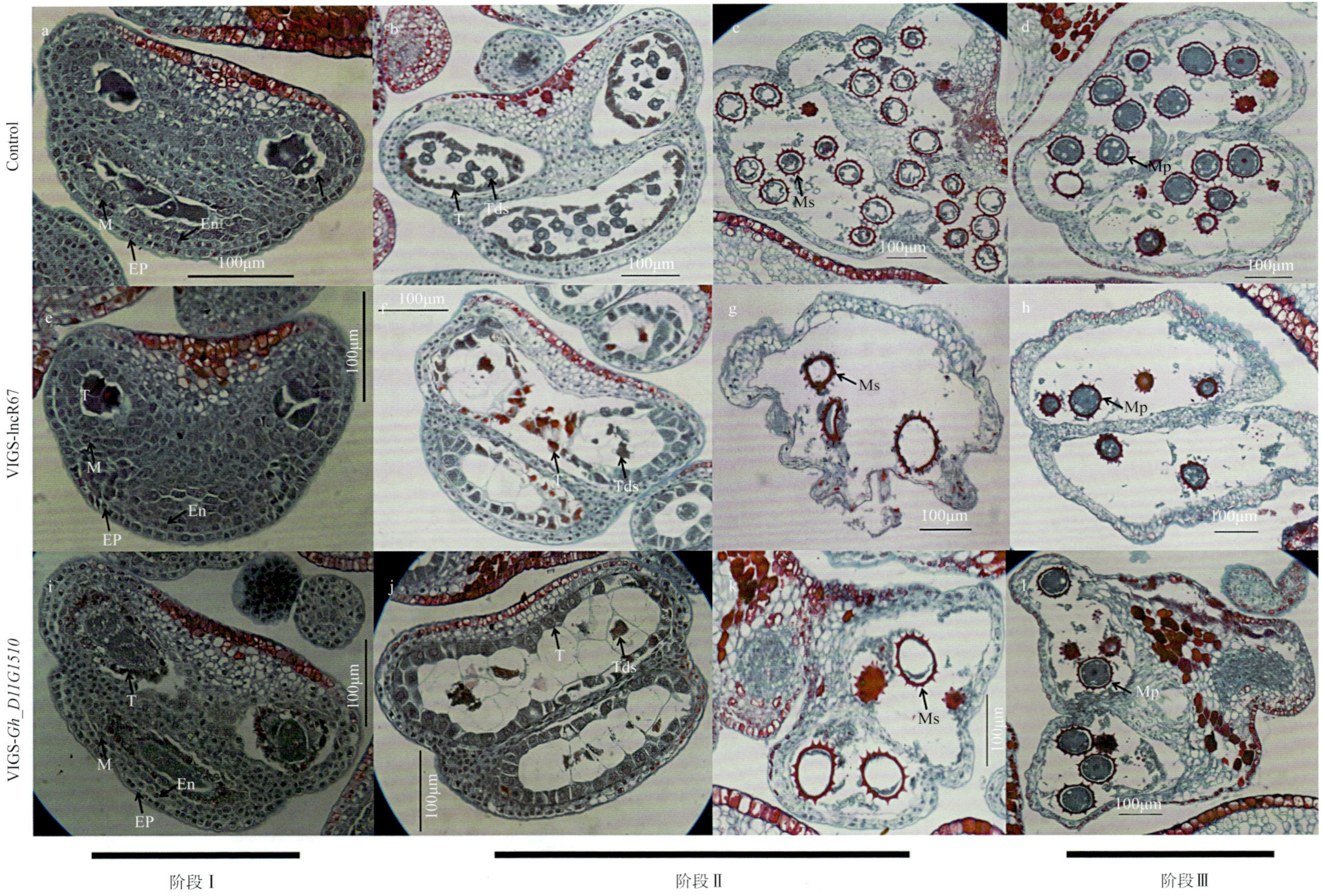

图5 沉默 *TCONS_00473367* 及 *Gh_D11G1510* 棉花花药细胞学观察

a、e、i: 花粉细胞发育第一阶段 b、c、f、g、j、k: 花粉细胞发育第二阶段 d、h、l: 花粉细胞发育第三阶段
Tds. 四分体 Ms. 小孢子 Mp. 虚弱的坏粉粒 EP: 外皮层 En: 内皮层 M: 中层 T: 绒毡层

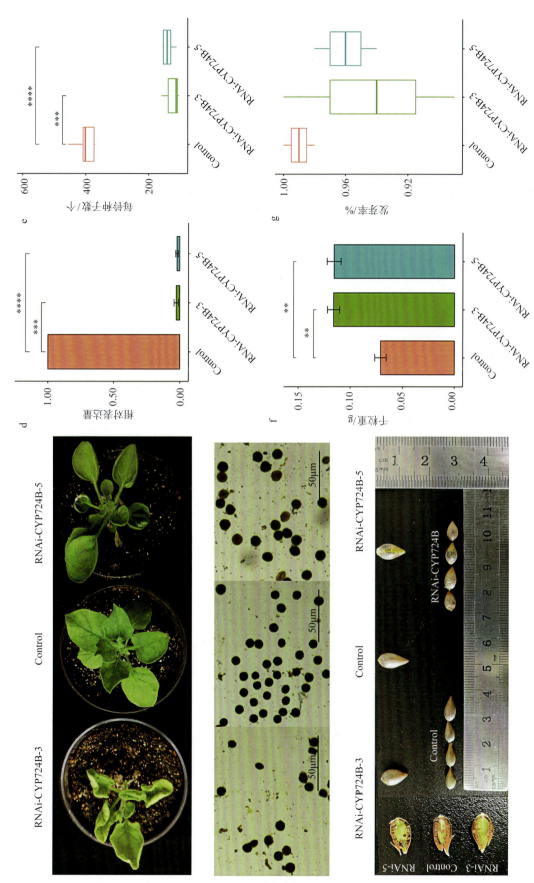

图6 干涉 *NtCYP724B* 烟草植株表型分析

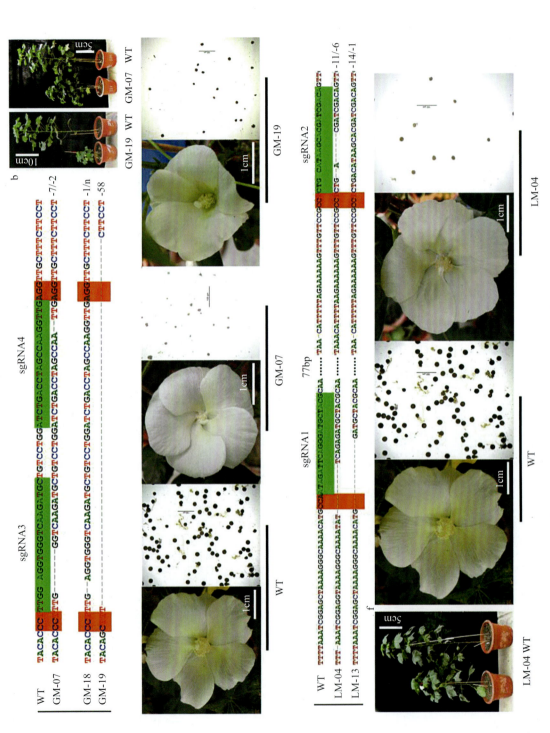

图 7 敲除 lncR67 及 *GHCYP724B* 植株高度及花器官表型

a、b、c：CRISPR/Cas9 敲除 *GHCYP724B* 植株靶位点突变序列、突变植株株高、以及突变植株花器官和花粉 I₂-KI 染色　d、e、f：CRISPR/Cas9 敲除 *lncR67* 植株靶位点突变序列、突变植株株高、以及突变植株花器官和花粉 I₂-KI 染色

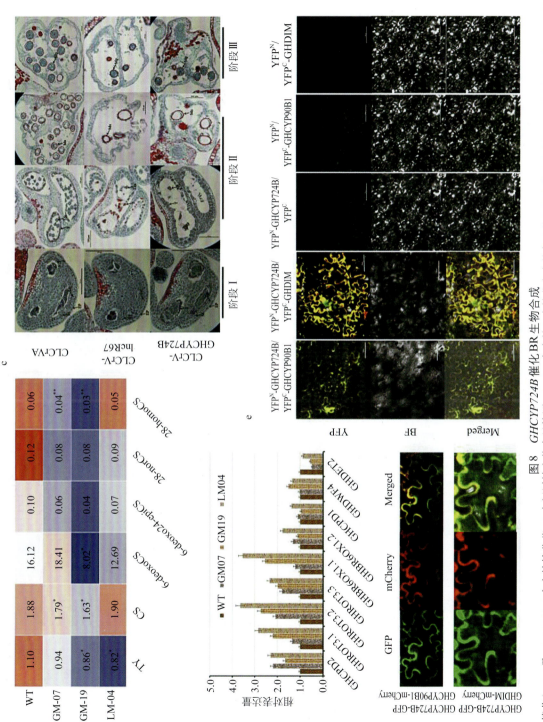

图 8 *GHCYP724B* 催化 BR 生物合成

a: 棉花 *lncR67* 及 *GHCYP724B* 突变植株花蕾 BR 中间活性产物含量检测　b: BR 合成基因在稍花蕾花萼变体花萼表达模式　c: VIGS 沉默棉花 *lncR67*
及 *GHCYP724B* 后花蕾发育细胞学检测　d: 双分子荧光互补实验验证 *GHCYP724B* 互作蛋白　e: *GHCYP724B* 及其互作蛋白亚细胞共定位检测　* 表示水平显著
(*P*<0.05)　** 表示水平极显著 (*P*<0.01)

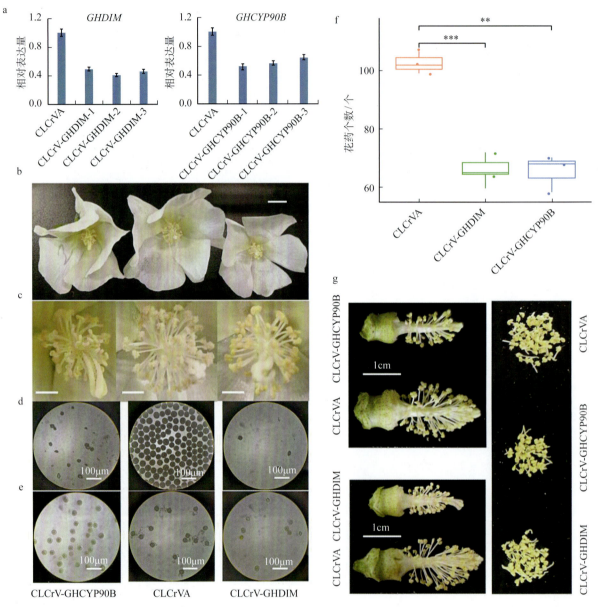

图 9　沉默 *GHDIM*、*GHCYP90B* 植株表型鉴定

a：VIGS 植株目的基因沉默效率检测　b：花器官对比　c：盛花期雄蕊散粉情况对比　d：花药 I_2-KI 染色　e：花粉萌发效率检测　f：花药总数对比分析　g：花药总数及形态观察　** 表示水平显著（$P<0.01$）　*** 表示水平显著（$P<0.001$）

MIANHUA

XIONGXING BUYU JILI YANJIU

棉花
雄性不育机理研究

聂虎帅　主编

中国农业出版社

北　京

Cotton 编委会

棉 花 雄 性 不 育 机 理 研 究

主　编： 聂虎帅

副主编： 华金平　马艳红

参　编： 于晓芳　伊六喜　李志伟　武小娟

　　　　　徐忠山　白岚方　王永强　程　成

　　　　　李惠静　郭安慧

前 言

　　棉花是重要的经济作物，棉业是国民经济的支柱产业，我国涉棉产业的人口超过2亿人。按照我国棉花的需求趋势与供给能力分析，我国每年有40％以上的棉花供给缺口。棉花杂种优势利用，是提升棉花产量潜力的有效途径，生产优势明显。棉花杂种优势利用的途径主要是人工去雄制种和雄性不育系制种。人工去雄制种的成本较高，在生产方面一般利用 F_2，但 F_2 的优势远不如 F_1，且株型等农艺性状可能产生分离；而利用雄性不育系制种，则可减少用工、降低制种成本。棉花雄性不育是指在生长发育过程中，雌蕊发育正常而雄性器官发生退化、发育不良或不能产生正常花粉的现象。雄性不育主要包括细胞核雄性不育和细胞质雄性不育，还包括一些由光照、温度、化学试剂等外界环境因素引起的雄性不育。雄性不育系在杂种优势利用领域具有重要的作用，但雄性不育遗传方式特殊，遗传机理复杂，不同植物雄性不育的形成机理不同。一般认为，遗传上细胞核基因组与细胞质基因组的不协调互作是细胞质雄性不育的重要机制，在表达水平上，非编码 RNAs 参与调控细胞质雄性不育发生。

　　利用棉花雄性不育系制种，既可以降低种子成本，提高种子纯度，又可以确保生产上应用 F_1。获得细胞质雄性不育系，是利用"三系"（不育系、保持系和恢复系）培育杂交种的前提。研究新的细胞质不育类型，是"三系"杂交棉育种的重要基础，具有重要的理论和实践意义。

　　本书研究主要以哈克尼西棉细胞质的雄性不育系与雄性不育保持系、陆地棉细胞质的雄性不育系与雄性不育保持系为材料，基于细胞学水平观察及生理生化指标检测，明确不育系花粉败育发生的关键时期；对不同发育阶段花蕾的非编码 RNA 及线粒体蛋白质进行对比分析，并对筛选得到的参与调控不育发生的候选非编码 RNAs 进行转基因功能的初步验证。旨在获得调控棉花细胞质雄性不育发生的关键非编码 RNA，阐述细胞质雄性不育发生的分子机制，为创制新型棉花细胞质雄性不育系奠定基因基础。

本书为作者在"十三五"时期国家重点研发计划"棉花杂种优势利用技术与强优势杂交种创制"项目、国家自然科学基金"棉花细胞质雄性不育基因的鉴定与功能分析"项目支持下的研究成果，由内蒙古自治区自然科学基金项目（2024QN03070）及2022年度内蒙古自治区本级事业单位引进高层次人才科研支持经费资助出版。内容系统全面，数据翔实可靠，具有较强的科学性、创新性和指导性。本书可供在作物遗传育种等相关领域从事教学、科研、生产等工作的科技工作者阅读参考。本书主要包括四部分，第一部分由主编、副主编及参编人员共同完成，第二部分至第四部分均由主编一人执笔完成。其中，第一部分为绪论，主要在系统总结和借鉴前人研究成果的基础上，提出了本研究的研究目的、研究意义和研究思路；第二部分为试验材料、设计与方法；第三部分为结果与分析，包括4章：分别为棉花细胞质雄性不育系细胞学及生理生化指标研究、棉花细胞质雄性不育发生相关 miRNAs 鉴定与分析、棉花细胞质雄性不育发生相关 lncRNAs 鉴定与功能验证、棉花细胞质雄性不育系和保持系线粒体蛋白质组差异分析；第四部分是主要结论与展望。

尽管作者对文中的各章内容进行了认真撰写，主编进行了统稿、校对，但由于项目实施难度大、实施期相对较短、研究资料有限，书中错误和不足之处在所难免，恳请读者批评指正。

聂虎帅

2024 年 12 月

目　录

缩略词与中英文全称对照表

缩略词	英文全称	中文全称
ABA	Abscisic acid	脱落酸
AGO	Argonaute	一类和小 RNA 互作蛋白
ARF	Auxin response factor	生长素响应因子
BLAST	Basic local alignment search tool	基于局部比对算法的搜索工具
BAK	BRI-Associated receptor kinase	BRI 相关受体激酶
BR	Brassinosteroids	油菜素甾醇
BRI/BIN	Brassinosteroid insensitive	油菜素甾醇不敏感蛋白
BSK	Brassinosteroid signal kinase	油菜素甾醇信号激酶
BZR	Brassinazole – Resistant	油菜素甾醇抗性蛋白
CAT	Catalase	过氧化氢酶
CMS	Cytoplasmic male sterility	细胞质雄性不育
CYP	Cytochrome protein	细胞色素蛋白
DIA	Data-Independent acquisition	数据非依赖采集
DPA	Days post-anthesis	开花后天数
eTM	Endogenous target mimic	内源性靶标模拟物
FPKM	Fragments per kilobase of exon per million mapped reads	每一百万个比对上的读长中比对到外显子的每一千个碱基上的读长个数
GA	Gibberellin	赤霉素
GMS	Genic male sterility	细胞核雄性不育
IAA	Indole-3-Acetic acid	3-吲哚乙酸
JA	Jasmonic acid	茉莉酸
lncRNA	Long non-coding RNA	长链非编码 RNA
MDA	Malonaldehyde	丙二醛
MFE	Minimum free energies	最小自由能
ORF	Open reading frame	开放阅读框
POD	Peroxidase	过氧化物酶
qRT-PCR	Quantitative reverse transcription polymerase chain reaction	实时荧光定量 PCR
RISC	RNA-Induced silencing complex	RNA 诱导沉默复合体

（续）

缩略词	英文全称	中文全称
SA	Salicylic acid	水杨酸
SL	Strigolactone	独脚金内酯
SOD	Superoxide dismutase	超氧化物歧化酶
SPL	Squamosa promoter-binding protein-like	Squamosa 启动子结合样
TIR	Transport inhibitor response	转运抑制响应因子
VIGS	Virus-Induced gene silencing	病毒诱导的基因沉默
ZR	Zeatin riboside	玉米素核苷

Chapter 1

绪 论

1.1 植物雄性不育

1.1.1 植物杂种优势与雄性不育

杂种优势是杂合体在一种或多种性状上优于两个亲本的现象。例如，不同品系、不同品种甚至不同种属间进行杂交所得到的杂种一代往往比它的双亲表现出更强大的生长速率和代谢功能，从而导致器官发达、体型增大、产量提高，或者表现出抗病力、抗虫力、抗逆力、成活力、生殖力、生存力等的提高[1]，这是生物界普遍存在的现象。

根据杂种优势的原理，通过育种手段的改进和创新，可以使农（畜）产品的产量显著提高。这方面以杂种玉米的应用为最早，成绩也最显著，一般可增产 20% 以上。随后在甜菜、牧草、高粱、洋葱、茄子、番茄、青椒、棉花、向日葵、油菜、花卉、林木中相继开展对杂种一代的生产利用。杂交种作为两个纯合自交系杂交的产物，在产量、品质、抗逆性等多个性状上均显著优于亲本，所以种植杂交种、利用杂种优势成为提高产量的有效手段[2-3]。现阶段，已在玉米、水稻、油菜、棉花以及部分蔬菜等作物中广泛种植杂交种，取得了显著提高作物产量、改进品质、增强适应性和抗逆性的效果[4-7]。

目前，杂交种种子的生产方法最为常用的有 3 种，即人工去雄、化学杀雄和雄性不育系统。人工去雄杂交制种法是指利用人工手段去掉植株雄蕊或雄花、雄株或部分花冠，再任其与父本自然授粉或人工辅助授粉，最后从母本株上采收杂种一代种子的方法。原则上说，人工去雄杂交制种法适用于所有的有性繁殖作物，但实际生产上考虑到去雄授粉的难易程度、种子生产成本、繁殖系数以及种子纯度（杂交率）等因素，现阶段只大量应用于茄类、瓜类、菠菜等作物上。化学杀雄制种法是指在作物发育的特定时期喷施某些化学药剂，以杀伤雄性器官或抑制雄性器官发育，造成雄性不育的方法。此类化学药剂又称化学杂交剂（CHA）。在大规模配制杂交种的过程中，以化学杀雄代替人工去雄是经济有效的方法。生产上采用化学杀雄，一般简便易行，杀雄效果较好，任何材料通过化学杀雄后即可作为母本，以未杀雄的材料为父本配制杂交种，一旦找到强优势组合，即可大规模应用于生产。但化学杀雄试剂通常具有损害雌配子、影响植株营养生长、污染环境等副作用。因此，寻找较理想的化学杀雄试剂，是育种专家和农药学家需共同努力开拓的一个重要领域。植物雄性不育是指雄性器官不能正常产生有功能的花药、小孢子或花粉粒，但是雌性

1

器官正常发育并且可以接受外来花粉授粉杂交从而产生种子的现象[8-9]。雄性不育现象由德国科学家在 1863 年发现，现在已经在 200 多个物种中被报道[10-12]，但直到 1920 年才率先在玉米中实现商业应用[2,13]。

雄性不育根据产生机理可分为细胞核雄性不育（GMS）和细胞质雄性不育（CMS）。细胞核雄性不育遗传主要由核基因组一对隐性基因（msms）所控制，正常可育性为相对的显性基因（MsMs）所控制。雄性不育株与正常株杂交，F_1 植株为雄性可育；F_1 自交产生的 F_2，可育株与不育株之比为 3：1，难以用普通方法保持雄性不育系，在农业生产上也不可能广泛利用[14]。而细胞质雄性不育是由于核基因组与线粒体基因组互作而引起的[15]，细胞质雄性不育系的不育性状稳定，不易受光照、温度等环境因素影响。在生产实践中，细胞质雄性不育的"三系"通常由不育系、保持系、恢复系组成。不育系拥有携带不育因子的细胞质及隐性的恢复基因，不能产生有功能的花粉粒，也不能自交繁种，属于母性遗传；保持系拥有正常的细胞质以及与不育系相同的细胞核，能够产生有功能的花粉粒并自交繁种，保持系与不育系杂交获得的下一代仍是不育系，常用作不育系繁种；恢复系的细胞核含有显性恢复基因，与不育系杂交可恢复下一代育性，生产有繁殖能力的杂交种[3]。不育系与不含有显性恢复基因的优良自交系杂交，然后重复回交 5～6 代后可以改善不育系的农艺性状，选育不育系。细胞质雄性不育系可以免除人工去雄，节约人力，降低种子成本，还可保证种子的纯度。雄性不育系因其稳定的不育性状，已在多个物种中得到广泛应用，但是在不同物种中的产生机理不同。前人研究表明，细胞质雄性不育发生与线粒体基因组密切相关，已经有大量线粒体基因被证实参与不育形成。

1.1.2 植物线粒体基因影响细胞质雄性不育发生

线粒体是一种存在于大多数细胞中的由两层膜包被的细胞器，是细胞中制造能量的结构，也是三羧酸循环和氧化磷酸化的主要场所。线粒体基质和内膜上都含有能量代谢所必需的酶类及 ATP 酶复合体。线粒体拥有自身的遗传物质和遗传体系，但其基因组大小有限，是一个半自主细胞器。线粒体的大部分蛋白质是由细胞核编码合成并转运而来的，但是线粒体自身编码基因合成的蛋白质对维持线粒体正常功能具有重要作用[16]。线粒体基因组是一个动态变化的基因组，内部序列经常会发生重排、重组、结构变异、外源序列迁入或者内部序列迁移，甚至基因突变等事件[17]。线粒体基因组的这些动态变化可能产生大量新的 orfs 或嵌合基因，影响线粒体固有功能基因的作用模式，导致三羧酸循环代谢和氧化磷酸化出现异常，ATP 酶复合体不能够正常产生和供应，最终造成植物雄性不育[18]。到目前为止，至少已经在 13 个物种中发现了 28 个线粒体基因与雄性不育发生相关，这些基因大都具有以下特点：①邻近线粒体功能基因，在发现的 28 个不育基因中，有 19 个邻近 ATP 亚基基因，且相距距离均小于 500 bp，相邻最近的仅有 30 bp，大部分均在 200 bp 以内；②与邻近功能基因共转录：大量研究证明在线粒体中并不是所有因重排或重组产生的新的 orfs 或基因均能保留下来发挥功能的，新产生的 orfs 绝大部分都会在后期选择过程中被降解，与功能基因共转录的 orfs 则可以保留下来；③不育基因大多与功能基因有部分同源序列或者共有序列构成嵌合的线粒体开放阅读框，这一特征也是它们可以发生共转录的前提条件之一；④不育基因大多具有跨膜结构域：大部分不育基因都有一个跨膜结构域，个别还存在两个或多个跨膜结构域[19-22]。水稻 CMS‐BT 不育系发生相关的线粒体基因 *orf79* 编码 79 个氨基酸，N 末端的氨基酸序列与线粒体功能蛋白 COX1 序列相似性较高，*orf79* 位于线粒体基因 *atp6* 上游，并且可以与 *atp6* 共转录[23-24]；*T‐urf13* 是玉米不育系 CMS‐T 中鉴定得到的不育基因，位于线粒体基因 *urf225* 下游，与功能基因 *atp6* 存在嵌合片段，编码一段具有跨膜结构域的 13 kDa 大小的多肽序列[25]；在矮牵牛细胞质雄性不育系中，与不育发生相关的开放阅读框 *pcf* 与两个线粒体功能基因——*nad3*、*rps72* 紧紧相邻，而且也是一个嵌合基因，包含 *atp9* 部分编码区域以及 *cox11* 部分外显子序列[26]。

不同物种的雄性不育发生机制并不完全相同，已经过鉴定的 28 个雄性不育发生相关基因的作用模式主要有以下 4 种：①不育基因影响能量代谢通路，导致能量缺乏引起不育；②不育基因具有细胞毒性引起不育；③不育基因引起异常细胞程序性死亡导致花粉粒不能正常发育；④不育基因负向调控模式导致不育[15]。这 4 种作用模式并不冲突，而且有些不育基因引起不育可能同时具有多种作用模式。CMS‐T 玉米中的不育基因 *urf13*，其编码的蛋白质 URF13 具有跨膜结构域，可靶向线粒体内膜并干扰质子梯度进而影响 ATP 合成，导致花药发生过程的能量缺乏引起不育[27]。此外，在 *urf13* 基因上游连接强启动子后转入大肠杆菌细胞，结果发现转基因大肠杆菌生长明显受到抑制，证明 URF13 蛋白具有毒性效应[28]。水稻 CMS‐HL 不育系中，不育基因 *orf79* 编码蛋白 ORFH79 与复合体Ⅲ亚基 QCR10 的同源蛋白 P61 相互作用，干扰了复合体Ⅲ的正常功能，导致能量代谢受到抑制的同时造成细胞程序性死亡，最终引起雄性不育[19]。水稻 CMS‐BT 不育系中，*orf79* 基因既可以影响正常的能量代谢，也可以产生毒性杀死细胞，同时造成细胞程序性死亡异常发生，最终导致不育[27]。除了以上不育基因，还有一些 *orfs* 虽然被证明与雄性不育发生密切相关，但是其具体作用机制还没有研究清楚。

尽管线粒体基因组在细胞质雄性不育发生过程中起到了决定性作用，但大量研究证明：细胞核基因组及植物激素水平的变化，同样会影响细胞质雄性不育发生。

1.1.3 植物激素与雄性不育

植物激素亦称植物天然激素或植物内源激素，是植物体内产生的一些微量而能调节（促进或抑制）自身生理过程的有机化合物。植物激素是一类小分子有机物质，可在植物体内移动并在极低浓度下发挥明显的生理效应，对植物生长发育具有重要的调节作用[29]。植物激素是植物细胞接受特定环境信号诱导产生的、低浓度时可调节植物生理反应的活性物质。在细胞分裂与伸长、组织与器官分化、开花与结实、成熟与衰老、休眠与萌发以及离体组织培养等方面，分别或相互协调地调控植物的生长发育与分化[30]。传统的植物激素只包括生长素、赤霉素（GA）、脱落酸（ABA）、细胞分裂素和乙烯五大类。随着生理学研究的不断深入，一些新的植物激素被报道，比如油菜素甾醇（BR）、茉莉酸（JA）、水杨酸（SA）、独脚金内酯（SL）等。研究证明，生长素、BR、GA、SL 和细胞分裂素主要在维持植株正常生长发育过程中发挥关键作用，而 ABA、乙烯、JA 和 SA 主要在植物响应逆境胁迫时扮演重要角色[31-32]。

生长素是第一种被鉴定为植物激素的物质，在低等和高等植物中普遍存在。生长素主要集中在幼嫩、正生长的部位，如禾谷类的胚芽鞘，双子叶植物的茎顶端、幼叶、花粉和子房以及正在生长的果实、种子等，它的产生具有"自促作用"，在衰老器官中含量极少。过高或过低的生长素含量均可能引起雄性不育。合成代谢或者信号转导通路受到抑制均可导致植物雄性不育。TIR 作为生长素的受体蛋白对生长素功能发挥具有重要调节作用，此外，AFBs、ARF、HSP90、SGT1 等转录因子也参与调节生长素信号转导。YUC2 和 YUC6 基因调控生长素合成代谢，yuc2 和 yuc6 双突或三突变体使拟南芥生长素合成受到抑制，生长素含量显著降低，导致植株雄性器官完全丧失了育性，只能形成没有花粉粒而且较短的雄蕊[33]。在拟南芥和大麦中，生长素合成基因 YUCCA 受高温环境诱导下调表达，引起花药内源生长素水平下降，最终导致花粉不育[34]。ARF6 和 ARF8 蛋白质可以结合生长素响应的启动子元件，调节与生长素信号转导相关基因的表达，arf6、arf8 双突变体植株表现出花器官生长受抑制、雄蕊短小和花药不开裂等现象[35]。ARF17 可以通过调节初生外壁形成，在拟南芥花粉壁细胞形成过程中起关键作用，敲除 ARF17 的拟南芥突变体 arf17 植株营养生长正常，但是在花药发育的四分体时期完全缺乏了初生外壁物质，导致花粉外壁不能形成，植株表现出雄性不育[36]。棉花中，ARF10 和 ARF17 蛋白可以抑制生长素信号转导，ARF10 表达水平的降低会引起生长素积累量增多，最终导致花药不能开裂释放花粉，植株表现为雄性不育[37]。

油菜素甾醇（BR）是一种天然植物激素，最早发现于油菜花粉中，故命名为油菜素甾醇，其广泛存在于花、茎、根部，生理活性极强，作用机理类似于生长素，被誉为第六激素，是一种新型高效的植物生长调节剂。油菜素甾醇控制着植物生长和发育的所有阶段，对不同组织具有重要调节作用。油菜素甾醇能调节植物体内营养物质的分配，使处理部位以下的部分干重明显增加，而上部干重减少，植物的物质总量保持不变。油菜素甾醇也能影响核酸类物质的代谢，还能延缓植物离体细胞的衰老。同时，油菜素甾醇还能抑制生长素氧化酶的活性，提高植物内源生长素的含量，提高作物的耐冷性，提高作物的抗病、抗盐能力，使作物的耐逆性增强，可减轻除草剂对作物的药害。大量研究证明外源施加毫微摩尔级或微摩尔级的油菜素甾醇，会显著的影响细胞伸长和扩增。BRI1、BAK1、SERKs 是油菜素甾醇的受体蛋白，它们也可以相互结合形成受体蛋白复合物参与油菜素甾醇信号转导[38-40]。油菜素甾醇合成与信号转导对植株正常生殖发育非常关键，可通过调控参与花粉和花药发育相关基因的表达模式控制植物育性。油菜素甾醇合成突变体与不敏感突变体表现为育性降低，这说明油菜素甾醇可能与植株的育性相关，还有植物花粉中含有较多的内源油菜素甾醇，花粉管的伸长已经被证明与此有关，在油菜素甾醇合成突变体中，雄性不育的主要原因是花粉萌发过程中不能伸长。因此外施油菜素甾醇可促进单倍体种子的形成以及发育为正常的植株。甘蓝型油菜雄性不育系与油菜素甾醇信号转导相关的关键功能蛋白，比如 BSK、BIN2 和 BZR1，表达丰度下调，引起油菜花粉和花药发育异常[41]。拟南芥中油菜素甾醇信号转导相关的突变体为 cpd、bin2、bri1 和 bri1 - 201，植株生长表现出花粉外壁细胞形成、绒毡层发育、小孢子发育和花粉释放等生物学过程受到抑制的症状，最终均导致拟南芥几乎没有可育花粉粒产生[42-46]。水稻和小麦中，油菜素甾醇合成关键限速酶 CYP450 家族基因 CYP703A3、CYP704B2、CYP704B 表达模式的变化，影响花药角质层、花粉外壁细胞以及花药壁细胞的形成，导致雄性不育[47-49]。

细胞分裂素和赤霉素也参与植物育性调控，*CKX1* 和 *gai* 基因分别参与氧化的细胞分裂素降解和赤霉素信号转导，在玉米花药和花粉中特异过表达 *CKX1* 可导致玉米雄性不育，而在烟草和拟南芥花药中超表达 *gai* 也会引起植株不育[50]。不同激素可以相互作用，共同调节植物生长发育，生长素和油菜素甾醇代谢异常引起的雄性不育，可通过施加外源茉莉酸得到恢复[37,51]。

1.2　棉花细胞质雄性不育

1.2.1　棉花细胞质雄性不育

棉花，中文名陆地棉（拉丁学名：*Gossypium hirsutum* L.），别名墨西哥棉、美洲棉、大陆棉、高地棉等，锦葵目锦葵科棉属一年生草本植物。株高 0.6～1.5m，小枝疏被长毛，叶阔卵形，花单生于叶腋，花梗通常较叶柄略短，花白色或淡黄色，后变淡红色或紫色，蒴果卵圆形，种子分离，卵圆形；花期夏秋季。棉花广泛栽培于中国各产棉区，且已取代树棉和草棉。原产于美洲墨西哥，在 19 世纪末传入中国，在棉花传入中国之前，中国只有可供充填枕褥的木棉，没有可以织布的棉花。宋朝以前，中国只有带丝旁的"绵"字，没有带木旁的"棉"字。"棉"字是从《宋书》起才开始出现的。可见棉花的传入，至迟在南北朝时期，但是多在边疆种植。棉花是世界上最主要的农作物之一，产量大、生产成本低，使棉制品价格比较低廉。

棉花杂种优势显著，利用杂种优势提高棉花产量受到国内外育种家的重视。生产实践中，棉花杂交种生产主要有人工去雄和利用雄性不育系两种途径。由于人工去雄制种费时、费力、成本较高，生产上一般种植 F₂，但是 F₂ 农艺性状分离，杂种优势降低。采用"三系"配套法生产杂交种，不但省时省力降低成本，还可以将丰产、优质、抗病等优良性状同时集中于同一杂交种中。培育优良的棉花雄性不育系成为了棉花杂种优势利用的当务之急。

棉花细胞质雄性不育系主要是通过下列途径选育的。第一，远缘杂交核置换是选育细胞质雄性不育系的最有效方法。现有棉花上的亚洲棉、异常棉、哈克尼西棉 3 种细胞质雄性不育系就是通过远缘杂交核置换的方法选育出来的。它们的选育主要是通过杂交、连续回交来实现的。Meyer 等首次在棉花中培育得到细胞质雄性不育系，包括亚洲棉细胞质不育系和异常棉细胞质不育系[52]。但这两种胞质的不育系遗传性状不稳定，易受环境因素尤其是温度的影响[53]。此后，育成了遗传性状稳定的哈克尼西棉细胞质不育系[54-56]。哈克尼西棉细胞质雄性不育系（CMS-D₂₋₂）是通过远缘杂交和回交将哈克尼西棉细胞质转入陆地棉育成的[56]。哈克尼西棉细胞质不育系属于孢子体不育，花器官可以正常生长，但花药生长呈致死状态，没有花粉粒形成。在花药生长的孢原细胞时期，哈克尼西棉不育系与保持系相比没有显著的差异，但是在进入造孢细胞和减数分裂期后，不育系的小孢子母细胞发生明显退化，绒毡层细胞高度液泡化，生长状态趋于停滞；进入四分体后，保持系绒毡层逐渐退化为花粉粒发育提供营养物质，但不育系绒毡层进一步膨大并将原生质体挤压到一边，影响小孢子细胞分化产生四分体，最终导致不能形成可育的花粉粒[57]。近年来，相继育成了遗传性状稳定的陆地棉细胞质不育系和三裂棉细胞质不育系[54-56]。第二，种间杂交。104-7A 是从石短 5 号和军海棉组合中发现并培育的。第三，回交转育法是对原胞质进行遗传改造的有效手段。选用当前生产上推广的高产、优质、配合力好的品种作为轮回亲本与不育系杂交，随后再用轮回亲本与之连续多代回交，就可选育出配合力高、综合性状较好的新胞质不育系。如南京农业大学棉花遗传育种室于 1990 年配制了104-7A 与中棉所 12 号、86-1 组合，随后分别用中棉所 12、86-1 做轮回亲本与之回交，至 1994 年获得了稳定的中棉所 12A 和 86-A 胞质不育系。

1.2.2 线粒体水平揭示棉花 CMS 机理

哈克尼西棉细胞质雄性不育"三系"材料早已完成配套研究，但是没有得到商业应用，其不育发生机理仍不清楚。王学德等人通过对不育系、保持系和恢复系黄化苗及花药线粒体蛋白质组分析发现，在黄化苗时期，3 个材料中线粒体蛋白质表达没有明显差异，但是在花药发育的小孢子母细胞减数分裂时期，不育系中缺失了一条 31 kDa 的蛋白质[58]。此外，以 4 个线粒体基因为探针进行限制性片段长度多态性分析发现，不育系线粒体 DNA 中缺失了一个 1.9 kb 的片段，这个片段与线粒体功能基因 cox Ⅱ 有部分同源序列[58]。Chunda Fen 等采用 RFLP 方法，比较研究了哈克尼西棉细胞质雄性不育胞质、正常可育的陆地棉胞质和其恢复系的胞质的线粒体基因组。研究结果表明，不育胞质和陆地棉正常可育胞质的 mtDNA 具有明显的不同。而不育胞质和恢复系胞质的 mtDNA 却没有表现不同，说明 D_2 恢复基因的存在不影响 mtDNA 的结构。

中国农业大学棉花研究团队通过构建线粒体基因组文库，完成了哈克尼西棉细胞质雄性不育系、保持系和恢复系的线粒体基因组测序[53]。对线粒体基因组进行拼接和注释后，发现在不育系与保持系间存在大量线粒体 DNA 特异片段。对比分析不育系和保持系预测得到的 orfs，发现不育系中特异存在 33 个 orfs，其中 orf160 位于线粒体功能基因 atp4 下游，全长 480 bp，部分序列与 atp6 同源。通过构建含线粒体导肽的过表达载体，将 orf160 在酵母、拟南芥和烟草中过表达，结果发现过表达 orf160 会对酵母生长产生抑制，并使拟南芥和烟草花器官出现异常，花粉粒着色变浅活力降低，植株结实率降低[53]。利用 RFLP，结合 9 个线粒体基因探针，分析哈克尼西棉细胞质雄性不育系 S、保持系 F 及杂交种 H 线粒体基因多态性，9 个线粒体基因探针包括 atpA、atp6、atp9、cob、cox Ⅰ、cox Ⅱ、cox Ⅲ、nad3、nad6 和 nad9。结果显示 atpA、nad6 基因探针与所有酶的杂交结果都表现为多态性，且在保持系中比不育系和杂种一代中表现出缺失或者增加了部分片段，推测这两个基因与雄性不育发生相关[59]。巩养仓以现有的哈克尼西棉细胞质雄性不育系及其保持系作为研究材料，应用 RFLP、Northern 杂交和侧翼序列分析等技术，对棉花细胞质雄性不育进行初步的探讨。研究结果表明在不育系中，atp A 基因末端多转录出一段序列 ces486，该序列编码的多肽与甜菜 COX Ⅱ 蛋白有 42% 的一致性，推测其与棉花细胞质雄性不育形成有关[60]。atpA、nad6 在不育系和保持系中表现出差异这一类似的结果，巩养仓在 2008 年也有报道[60]。

1.2.3 激素及生理生化指标变化影响棉花 CMS 发生

细胞质不育的发生，受到激素调控、在生理生化水平对不育产生影响。利用 ELISA

技术分析哈克尼西棉细胞质雄性不育系及保持系、恢复系和杂种一代间花药发育各个时期内源 3-吲哚乙酸（IAA）、赤霉素（GA3）、玉米素核苷（ZR）和脱落酸（ABA）等激素含量动态变化[61]，结果证明：激素含量在 3 个可育系中对比差异不明显，但是在可育系与不育系间动态变化较为明显。不育系花药中 IAA、GA3 和 ZR 均低于可育花药，但 ABA 含量却高于可育花药。这种差异现象在花粉母细胞减数分裂时期表现得尤为明显。根据各种激素的功能推测，缺乏 IAA 可能导致不育系花药物质积累受阻，缺乏 GA3 影响不育系花药花粉母细胞和绒毡层的正常发育，而过低的 ZR 含量致使不育系花药花粉母细胞不能分化出四分体，反而高含量的脱落酸加速了花粉母细胞的退化和凋亡[61]。研究哈克尼西棉细胞质雄性不育系及其保持系花药发育各时期的生理指标变化水平，结果发现在可育系中随着花药的不断发育，可溶性糖含量逐渐下降，而可溶性淀粉含量逐渐上升，但是在不育系中，这两个生理指标一直处于稳定水平，没有变化，证明淀粉在花药发育过程中的积累是花粉正常发育所必需的，缺乏淀粉可能导致花药发育异常[62]。对哈克尼西棉细胞质雄性不育系、保持系及杂种 F_1 花药各时期的氧化胁迫水平及清除活性氧的关键酶类进行测定，结果发现在不育系败育初期，花药中氧化胁迫水平明显高于可育系，而在同时清除活性氧的酶类也被诱导。但是随着花药的发育，氧化胁迫仍在明显增加，清除活性氧酶类却显著低于可育系，结果导致氧化胁迫与保护机制失去平衡，花粉母细胞大量凋亡，最终导致花粉粒发育异常[63]。

综上所述，分子水平、生理生化水平、蛋白水平的大量工作揭示了哈克尼西棉细胞质雄性不育发生机制，但是到目前为止其分子机理仍不清楚。非编码 RNA 作为一类调控因子已被证实可调节植物种子萌发、植株形态构建、开花及种子脱水等，在雄性不育发生过程中扮演重要角色。

1.3 非编码 RNA 调控植物育性

1.3.1 miRNA 合成及调控机理

miRNA 是一类长度为 18~24 bp 的非编码 RNA，几乎存在于植物的所有组织中。大部分 miRNA 具有自己独立的转录本且包含启动子和终止子，miRNA 转录本位于蛋白编码基因间区序列，和 mRNA 转录本一样在 5' 端会添加帽子结构，3' 端有 poly 尾[64-65]。在植物和动物中，miRNA 都是起源于细胞核，由带有茎环结构的转录本经过加工得到，但是在植物和动物中 miRNA 的合成过程并不完全一致。在动物中，DGCR8/Pasha 酶负责切割 miRNA 初始转录本（pri-miRNA）形成 miRNA 前体序列（pre-miRNA），但是在植物中却没有这种酶[66]。植物 miRNA 合成起始于 MIR 基因，MIR 基因在 RNA 聚合酶 Ⅱ（Pol Ⅱ）的作用下形成 miRNA 初始转录本[67]。此过程中，NOT2 可以与 Pol Ⅱ 相互作用，增加 MIR 转录本的形成以及 MIR 形成 pri-miRNA 的效率[68]。Pri-miRNA 自身折叠并互补配对形成一个或多个稳定的茎环结构，然后在细胞核内被核糖核酸酶类型的 Dicer-like 1（DCL1）酶加工形成具有小的发夹结构的 miRNA 前体序列（pre-miRNA）。Pre-miRNA 通常仅包含一个发夹结构，在各个物种中保守性较高，长度在 64~303 bp[69]。Pre-miRNA 经过 DCL1 的进一步加工形成成熟的 miRNA 二聚体，在这一过程中，另外两个蛋白质 HYL1 和 SE 发挥了重要作用，它们可以与 DCL1 形成复合体，提高 DCL1 的活性[66]。成熟的 miRNA 二聚体包含两条链，分别为 miRNA 和 miRNA*，miRNA/miRNA* 二聚体 3' 端被甲基转移酶 HEN1 甲基化以保证不被小 RNA 核酸酶 SDN 降解[70]。转运到细胞质后，miRNA/miRNA* 二聚体在 HSP90 和 SQN 蛋白的作用下，将成熟的 miRNA 序列装载到 AGO 蛋白中形成有功能的 RNA 诱导沉默复合体（RISC），而另一条序列 miRNA* 可能会被降解，也有可能发挥其他功能。

  miRNA 基于与蛋白编码基因互补配对发挥调控作用，根据配对程度，miRNA 调节靶基因主要有两种模式。当 miRNA 与靶基因完美互补配对或几乎完美互补配对时，miRNA 会趋向于剪切靶基因转录本序列，进一步调节靶基因表达模式。否则，当 miRNA 与靶基因序列配对不完美时，miRNA 趋向于抑制 mRNA 翻译[71-72]。考虑到在植物中 miRNA 与靶基因的结合位点通常位于开放阅读框中，大部分配对都比较完美，所以通常认为 miRNA 通过剪切转录本调节靶基因表达模式是其作用的主要方式[73]。然而，最近大量研究发现，抑制靶基因翻译是 miRNA 的主要作用手段，尤其是在植物花器官中[74-76]。此外，介导翻译抑制的 DRB2 蛋白在进化中要比 DRB1 保守，这一现象也间接证明了在植物中抑制靶基因翻译是 miRNA 固有的调节机制[76]。除了以上两种主要调节手段，科学家们还发现了另一种新的 miRNA 调控靶基因的作用方式，当 miRNA 与靶基因配对不完美或者仅有少量碱基互补时，miRNA 可以在转录水平上沉默靶基因的表达，从而代替对靶基因转录本的剪切或抑制靶基因翻译[77-78]。

1.3.2 miRNA 参与调控雄性不育发生

  作为研究较为透彻的非编码 RNA，miRNA 已经在多个物种中被证明参与调控植物生长发育，包括种子萌发、植株形态构建、营养生长转为生殖生长、响应逆境胁迫、种子成熟等。随着测序技术和生物信息的不断发展与进步，科学家们发现越来越多的 miRNA 及其靶基因在植物细胞质雄性不育发生过程中扮演重要角色[79-82]。植物雄性不育发生是一个复杂的生理生化过程，涉及多种因素参与，例如植物激素、能量代谢、物质代谢、毒性作用等。miRNA 可通过调节蛋白编码基因的表达模式，间接调节影响雄性器官发育的重要生物学过程，包括绒毡层降解、小孢子形成、花粉释放等，在雄性不育形成过程中发挥重要作用。提取胡萝卜细胞质雄性不育系 WA 和保持系 WB 花蕾总 RNA 进行 miRNA 测序对比分析，结果显示 miR160、miR393a、miR3444a、miR156a、miR159a、miR2199 在两系材料中表达模式呈显著差异，其中 miR160、miR393a、miR3444a 参与调控生长素信号转导，miR156a、miR159a、miR2199 调控花器官生长发育，这 6 个 miRNAs 及其靶基因通过影响不育系和保持系中生长素信号转导和花器官生长发育，最终参与调节雄性不育发生[83]。以大豆细胞质雄性不育系 NJCMS1A 和保持系 NJCMS1B 花蕾总 RNA 为模板构建两个小 RNA 库，共鉴定得到了可信度较高的 miRNA 160 个，其中 101 个在两系间表达丰度不同，靶基因包括 PPR、ARF 和 SPB 等转录因子。此外，差异表达的 miRNAs 参与调控 MADS 转录因子、NADP 依赖的异柠檬酸脱氢酶、NADH - 泛醌氧化还原酶 24 kda 亚基的作用模式，间接导致细胞程序性死亡、活性氧积累和能量缺乏，这些 miR-NAs 可能与大豆细胞质雄性不育发生密切相关[84]。水稻细胞质雄性不育研究发现，osamiR528、osa-miR5793、osa-miR1432、osa-miR159、osa-miR812d、osa-miR2118c、osa-miR172d 和 osa-miR5498 在不育系和保持系中表达丰度不同，而且与靶基因呈负相关调控模式。这些靶基因在前人研究中已经证明参与花粉发育和雄性不育，表明这些 miRNAs 在水稻花药不育形成中具有重要调控作用[85]。miRNA 参与调控植物细胞质雄性不育发生，主要通过影响靶基因（大多为转录因子）的作用模式，进一步引起激素代谢或物质能量代谢紊乱，最终造成雄性不育发生，这些靶基因主要有 ARF、SPL、AP2、AFB2、PPR、HD-ZIP 和 MYB 等。

ARF 蛋白能够结合生长素响应的启动子元件调节基因表达，调控植物生长素水平，而生长素水平的变化对植物育性具有重要影响[86-87]。当高温不敏感型（84021）和高温敏感型（H05）棉花品种处于高温胁迫时，miR160 在 84021 中表达受到抑制，在 H05 中受到诱导。通过 RLM-RACE 和降解组测序技术证明了 miR160 靶向 ARF10、ARF16、ARF17，过表达 miR160 会抑制 ARF10、ARF17 的表达水平。正常环境条件下过表达 miR160 转基因植株花药生长正常，而当高温胁迫时，花药不能开裂散粉。ARF17 是生长素合成抑制因子，已经被证明参与外壁细胞形成和花粉发育[36]，过表达 miR160 的转基因植株 ARF17 表达受到抑制，证明 miR160 也会参与调控花粉壁细胞形成。此外，高温胁迫时，过表达 miR160 的转基因植株茉莉酸合成也会受到抑制。综上所述，在高温胁迫时过表达 miR160 可以抑制生长素抑制因子 ARF10，ARF17 表达水平，激活生长素信号转导，同时抑制茉莉酸合成，最终导致花药不能开裂释放花粉，植株出现不育现象[37]。miR167 也靶向 ARF 转录因子，可以在生物体内剪切 ARF6 和 ARF8 转录本[88]。在不影响 ARF6 和 ARF8 翻译的情况下，将 ARF6 和 ARF8 转录本的 miR167 结合位点引入 8 个碱基的突变，获得可以抵抗 miR167 调控的 mARF6 和 mARF8 突变转录本。构建 mARF6 和 mARF8 过表达载体并转入野生型植株中，结果发现 mARF6 转基因植株 ARF6 表达量明显升高而且植株表现出雄性不育。然而，当直接构建 ARF6 过表达载体并转入野生型植株后，虽然 ARF6 表达量也明显升高甚至高于 mARF6 转基因植株，但是花器官却没有出现不育现象。这一结果表明缺失了 miR167 对 ARF6 和 ARF8 表达模式的调控会导致雄性不育，miR167 对植株花药育性调控非常关键[89]。

miR156 靶向除 SPL8 以外的所有 SPL 转录因子家族成员，在植株幼苗时期，高表达的 miR156 和低表达的 SPL 基因会阻止植株提前开花。随着日照长度增加，miR156 表达量开始下降，SPL 表达丰度升高，为植株正常开花创造了合适的内部条件[90]。miR172 可以通过 SPL9 基因调节 miR156 的表达模式，miR172 靶向 6 个 AP2 转录因子，过表达 miR172 可以促进植株开花[91]。在拟南芥中，敲除 SPL8 导致植株出现半不育表型，将 miR156 过表达载体转入 SPL8 突变体植株中可以导致植株完全不育，而将可以抵抗 miR156 剪切的 SPL 基因过表达载体转入 SPL8 突变体中，可以使育性完全恢复[92]。以上结果表明 miR156 与 miR172 相互作用，共同调节植物开花期，此外，miR156 对拟南芥育性也有重要调节作用。miR165/6 通过负向调节 HD-ZIP 家族基因表达模式，参与调控雄蕊小孢子囊、小孢子母细胞和小孢子的生长发育。REV 是 HD-ZIP 蛋白家族成员，表达模式与 FIL 呈负相关，它们分别调控植物花药极性和小孢子囊的生长发育。HYL1 蛋白对 miRNA 合成非常关键，同时也在拟南芥花药形态建成过程中发挥关键作用。

HYL1 蛋白的缺失会抑制叶片和花药中 miR165/6 的合成，导致 REV 表达量增加。REV 表达量变化引起了 FIL 表达模式改变，最终导致拟南芥花药小孢子囊减少，植株出现不育表型[93]。miR159 在水稻花药中和它的靶基因 OsGAMYB 和 OsGAMYBL1 共表达，而且 miR159 能够在转录水平切割 OsGAMYB 和 OsGAMYBL1 转录本[94]。GAMYB 已经在多个物种中证明参与花器官发育调节[95-98]。过表达 miR159 的转基因水稻，OsGAMYB 和 OsGAMYBL1 表达受到抑制，转基因植株花器官不能正常生长，花药中没有花粉粒，表现出雄性不育症状[94]。此外，在拟南芥中，GAMYB-like 也受 miR159 调控，过表达 miR159 植株中 AtMYB33 基因表达量显著下降，引起转基因植株花药生长缺陷、雄性不育和开花延迟等症状[99]。

1.3.3　lncRNA 特性及作用机制

lncRNA 是一类长度大于 200 bp 的非编码 RNA，没有 CDS 序列或者开放阅读框只能编码少于 100 个连续的氨基酸[100]。近年来，随着高通量测序技术的深入发展，越来越多的研究表明，在真核生物中广泛存在，是构成转录组的重要组成部分。在以哺乳动物为主的研究中，人们现已明确参与了包括干细胞命运决定、肿瘤发生等在内的众多生物学过程，并作为顺式作用元件或反式作用因子、染色质修饰蛋白复合物的脚手架等，在不同水平大范围地影响基因的表达。相比之下，人们在对植物生长发育过程中所起作用的认识还非常有限。所幸，通过梳理近年的植物研究，发现植物在结构、起源及分子功能上，都与动物具有一定的相似性，同时，逐渐显示出一些其特有的规律性。lncRNA 可以由基因组上的任意位点转录产生，根据与蛋白编码基因的位置关系，lncRNA 可分为基因间 lncRNA（lincRNA，位于基因间区序列）、基因内 lncRNA（intronic lncRNA，位于基因的内含子区域）和反义 lncRNA（antisense lncRNA，位于基因的互补链上，和基因编码方向相反）。lncRNA 启动子的实验和生物信息学分析都表明，同编码蛋白基因一样具有相同的调控因子，并且许多的具有与编码蛋白基因相似的染色质特征，这也表明的转录与编码基因的转录遵循同样的规则。目前一般认为，真核生物中存在 3 种聚合酶，其中聚合酶 I 存在于核仁中，负责 rRNA 的转录；聚合酶 III 存在于核质中，转录少数几种基因，如 tRNA 以及 5s RNA；而大多数蛋白编码基因以及 lncRNA 由核质中的聚合酶 II 转录产生。植物中的 lncRNA 也主要由聚合酶 II 转录形成。此外，植物中两种特有的 RNA 聚合酶——聚合酶 IV 和聚合酶 V 同样能转录形成 lncRNA。聚合酶 V 产生一组独特的 lncRNA，可三磷酸化或加帽，但是没有 poly A 尾，它们在 RNA 介导的 DNA 甲基化中起作用，而聚合酶 IV 则可以产生小干扰 RNA 的前体。此外，在拟南芥中还发现了一组 lncRNA 可能是由聚合酶 III 催化转录，其中一个名为 At8 的 lncRNA 被证实可由烟草核酸提取物通过聚合酶 III 在体外有效地转录得到，但是这是一个特殊例子还是一个普遍机制，目前尚无定论，还需要更多的研究支撑。

尽管 lncRNA 与 mRNA 合成途径相似，但是和 mRNA 相比，lncRNA 有很多独特的特性[101]。大多数 lncRNA 转录本长度为 200～300 bp，平均长度在 600～1 000 bp，而 mRNA 平均长度为 1 400～2 000 bp，明显长于 lncRNA；相对于大多数 mRNA 有 10 个左右的外显子，绝大多数的 lncRNA 只包含一个外显子，其余少数的 lncRNA 含有两个或者更多的外显子；可能由于 mRNA 外显子个数较多，mRNA 外显子的平均长度为 250 bp，短于 lncRNA 的 395 bp[102-107]。lncRNA 表达水平较低，表达量平均约为 mRNA 的 1/10，这一现象在水稻、衣藻、拟南芥、玉米、棉花等物种中均存在[102,105-106,108-109]。不同物种中 lncRNA 的保守性较低，在已发现的所有 lncRNA 中，绝大多数都是物种特异存在的。和 mRNA 相同，lncRNA 也是由 RNA Pol Ⅱ 介导转录产生的，表达模式会在转录水平受到 3' 端修饰和剪切的调控[110]。然而，和 mRNA 不同的是，在已发现的 lncRNA 中有半数为组织特异表达 lncRNA，尤其是在生殖器官中特异表达，而蛋白编码基因大多在各个组织中组成表达[111]。

lncRNA 通过调控蛋白编码基因发挥功能，作用方式多种多样。在转录水平上，lncRNA 作为共激活剂或共抑制剂直接调控 RNA Pol Ⅱ 的转录活性，此外，lncRNA 也可以调节转录过程中中间复合物的形成[112-114]。在转录后水平，lncRNA 基于碱基互补配对与蛋白编码基因结合，调控 mRNA 剪切、编辑、转运、翻译或者降解[115-116]。此外，一些 lncRNA 通过顺式或反式调控指导染色质修饰复合物进入特异的基因组位点，调节染色质状态，增强或者抑制转录活性[117-120]。lncRNA 也可以与核苷酸或者蛋白质结合形成 scaffold 调节蛋白质复合物亚基的组装[107]。通过阻止受体物质激活或结合靶标物质，lncRNA 能够抑制蛋白质、mRNA、miRNA 之间的相互作用，也可以驱使转录因子远离染色质[116]。最近研究发现有些 lncRNAs 具有编码多于 100 个氨基酸的潜力，如 *HOTAIR* 编码 106 个氨基酸、*XIST* 编码 136 个氨基酸、*KCNQ1OT1* 编码 289 个氨基酸，但这些 lncRNAs 的作用机制还不是很清楚[103]。

1.3.4　miRNA 与 lncRNA 相互作用

作为两类重要的非编码 RNA，miRNA 与 lncRNA 可以通过多种方式相互作用共同调控蛋白编码基因的表达模式。植物全基因组研究发现，有接近 50% 的 miRNA 都是由非编码转录本产生，在甘蓝型植物研究中发现有 36 个 lncRNAs 可以作为 48 个 miRNAs 的前体序列经过进一步加工产生 miRNA，其中包括在不同物种中较为保守的 miR156、miR159、miR166、miR167、miR168、miR172、miR393 等[121]。在木薯中，通过将 682 个 lncRNAs 与 miRNA 前体序列比对，发现 12 个 lncRNAs 可以通过二级结构折叠产生 11 个已知的 miRNAs，包括 miR156g、miR160d、miR166h、miR167g 和 miR169d[122]。以上结果表明，lncRNA 可以作为 miRNA 的前体序列产生 miRNA，然后通过 miRNA 对靶基因表达模式的调控间接发挥作用。有趣的是，许多由 lncRNA 产生的 miRNA 都是来自 lncRNA 的内含子区域，表明 lncRNA 除了作为 miRNA 前体序列的供体外，外显子区域仍可通过其他方式发挥调控作用[123]。lncRNA 也可以作为 miRNA 的靶基因，被 miRNA 调控，在拟南芥发现的 156 个新 lncRNAs 中，17 个 lncRNAs 的表达模式受到了 22 个 miRNAs 的调控，在这些 miRNA-lncRNA 相互作用结合物中，一个 miRNA 可能同时靶向 1～3 个 lncRNAs，同时一个 lncRNA 也可能同时被 1～4 个 miRNAs 调控[106]。在白杨中，51 个 lncRNAs 可以作为 119 个 miRNAs 的靶基因，形成 142 个 miRNA-lncRNA 作用事件[124]。最后，也是最重要的一点，lncRNA 能够作为 miRNA 的内源性靶标模拟物（eTM），通过与 miRNA 靶基因竞争结合 miRNA，阻止 miRNA 对靶基因的调控作用[125]。拟南芥 miR399 靶向 *PHO2* 基因，*PHO2* 编码 E2 泛素化结合蛋白，负向调控芽中 Pi 含量和活性[126]。2007 年，Mateos 等人研究发现了一个长链非编码 RNA *IPS1* 可以与 miR399 结合，但是在 miRNA 结合的种子区域有 3 个核苷酸的凸起，这样的配对结果导致 *IPS1* 不能够被 miR399 切割，但是同时也阻止了 miR399 与 *PHO2* 的结合，*IPS1* 作为 miR399 的 eTM，有效调控了 *PHO2* 的作用模式[127]。*osa-eTM160* 与 miR160 互补配对并在 5'端 11 - 13 位的碱基处形成 3 个核苷酸的凸起，*osa-eTM160* 突变体不能与 miR160 互补配对。在水稻中过表达 *osa-eTM160*（OE-eTM160）和 *osa-eTM160* 突变体（OE-eTM160M），结果发现 OE-eTM160 转基因植株中 miR160 的表达量明显下降，而 OE-eTM160M 转基因植株中 miR160 表达模式没有变化[128]。三叶型柑橘中发现有 7 个 lncRNAs 可以作为 9 个 miRNAs 的内源性靶标模拟物，其中有一个 lncRNA 同时作为两个 miRNAs 的 eTM 发挥调控作用[129]。以上结果表明，lncRNA 不仅可以单独调节靶基因功能，还可以通过多种方式与 miRNA 相互作用，共同发挥调控作用。

1. 3. 5　关键 lncRNA 参与育性调控

　　尽管和 miRNA 相比，仅仅有很少的 lncRNA 被注释和功能分析，但是已有报道证明 lncRNA 可以参与植物雄性不育的调控。*FSNR* 是迄今为止第一个也是唯一一个参与细胞质雄性不育发生的 lncRNA，在 2017 年由 Stone J 等在小球藻细胞质雄性不育系基因组中发现。*FSNR* 没有能够编码多于 100 个氨基酸的开放阅读框，与其他转录本原件距离较远。在所有小球藻细胞质雄性不育系中鉴定得到的 lncRNA 里，只有 *FSNR* 在雌性植株和雌雄同体植株中表现出差异的表达丰度和编辑频率，而且在雌性植株中表达丰度和编辑位点明显多于雌雄同体植株。因此推测 *FSNR* 有利于雌性植株形成并参与雄性不育发生[130]。对比油菜雄性不育系 Bcajh97 - 01A 和可育系 Bcajh97 - 01B 花粉发育五个阶段以及授粉后 3 个不同时期种子的 lncRNA 表达情况，共鉴定得到了 12 051 个 lncRNAs。经过组织特异表达分析、差异表达分析、与 miRNA 相关性分析、靶基因功能分析后，发现有 14 个 lncRNAs 可以与已经被证明调控花粉发育的 10 个蛋白编码基因共表达，而且有 15 个 lncRNAs 作为 13 个 miRNAs 的内源性靶标模拟物，其中包括 *bra - eTM160 - 1* 和 *bra - eTM160 - 2* 作为 miR160 的 eTMs。*bra - eTM160 - 1* 是拟南芥 ath - eTM160 - 1 的同源物，在茎和根中表达量较高。*bra - eTM160 - 2* 是油菜特有的而且在花絮中特异高表达，过表达 *bra - eTM160 - 2* 油菜植株花絮中 miR160 的表达量显著下降，而且 miR160 的 5 个靶基因 *BrARF* 表达量明显上升，转基因植株花药中仅包含较小而且干瘪的花粉粒，不能正常完成授粉[131]。*LDMAR* 是在水稻光敏雄性不育系农垦 58S 中发现的长度为 1 236 bp 的 lncRNA，在长日照条件下，足够丰度的 *LDMAR* 是保证花粉能够正常发育的必要条件。在一个自发突变的植株中，单核苷酸多态性位点改变了 *LDMAR* 的二级结构，导致 *LDMAR* 启动子区域甲基化水平上升。*LDMAR* 表达丰度特异地在长日照条件下降低，使得细胞程序性死亡提前发生并引起花药绒毡层降解，最终导致水稻雄性不育[132]。同样在农垦 58S 中，Zhou H 等发现了一个长度为 21 bp 的小 RNA 在花絮中特异高表达，而且这个小 RNA 在光敏性不育系 58S 和野生型 58N 中碱基序列存在差异[133]。因此推测 *LDMAR* 还有其他作用模式，它可能首先作为初始转录本被切割产生一段 136 bp 中间前体序列，然后被加工成 21 bp 的小 RNA 发挥调控功能[134]。和 LDMAR 相似，PMS1T 也是在水稻光敏性雄性不育系中发现的一个 lncRNA，在幼穗中特异高表达。PMS1T 是 miR2118 的靶基因，可在 miR2118 切割下产生长度为 21～24 bp 的相位小 RNA（phasiRNA），长日照条件下，花絮中充足的 phasiRNA 是水稻雄性不育的必要条件，但是具体的作用机制还不是很清楚。当 PMS1T 与 miR2118 结合位点发生单碱基突变时，miR2118 不能切割 PMS1T 产生足够量的 phasiRNA，丰度较少的 phasiRNA 使水稻在长日照条件下育性得到恢复[135]。Zm401 具有小的开放阅读框，属于长链非编码 RNA，在玉米绒毡层细胞和花粉粒小孢子中特异高表达。沉默 Zm401 会引起玉米功能基因 ZmMADS2、ZmM3-3 和 ZmC5 表达模式变化，造成绒毡层细胞和小孢子发育异常，影响雄蕊生长和花药发育，最终造成雄性不育[136]。Song J 等在多年致力于白菜雄性不育调控机理的研究中，发现了一条在'矮脚黄'核不育两用系的可育系花粉中特异表达的 lncRNA—BcMF11，BcMF11 的异常表达造成绒毡层的提前降解和花粉败育，但与'农垦 58S'绒毡层的异常始于花粉母细胞形成期及花粉能正常通过减数分裂的表型不同，BcMF11 表达下调引起的绒毡层的降解和花粉异常均起始于减数分裂时期，且未发现 BcMF11 引起的花粉败育依赖于光照条件[137]。除了以上提到的 lncRNAs，水稻中发现的 XLOC_057324 和 Osa-eTM160[102,128]、黄瓜中发现的 CsM10[138] 均可通过不同的作用模式，影响与雄性不育发生相关的生物学过程，最终导致植株雄性不育。

1.4 线粒体蛋白质组揭示细胞质雄性不育发生机制

蛋白质是大型生物分子或高分子，它由一个或多个由 α-氨基酸残基组成的长链条组成。氨基酸是组成蛋白质的基本单位，氨基酸通过脱水缩合连成肽链，蛋白质是由一条或多条多肽链组成的生物大分子，每一条多肽链有 20 个至数百个氨基酸残基（—R）不等；各种氨基酸残基按一定的顺序排列。蛋白质的氨基酸序列是由对应基因所编码的。除了遗传密码所编码的 20 种基本氨基酸，在蛋白质中，某些氨基酸残基还可以被翻译后修饰而发生化学结构的变化，从而对蛋白质进行激活或调控。多个蛋白质，往往通过结合在一起形成稳定的蛋白质复合物，折叠或螺旋构成一定的空间结构，从而发挥某一特定功能。合成多肽的细胞器是细胞质中糙面型内质网上的核糖体。蛋白质的不同在于其氨基酸的种类、数目、排列顺序和肽链空间结构的不同。蛋白质分子上氨基酸的序列和由此形成的立体结构构成了蛋白质结构的多样性。蛋白质具有一级、二级、三级、四级结构，蛋白质分子的结构决定了它的功能。

蛋白质是所有功能基因的执行者，在已发现的雄性不育基因中，绝大多数都需要翻译为蛋白质发挥功能。线粒体作为能量代谢和氧化磷酸化的主要场所，线粒体蛋白质组对植物机体正常代谢发育具有重要作用。在一些高等植物中，随着线粒体基因组完全释放，越来越多的线粒体蛋白质组被用来研究花药发育和花粉生殖的机理。作为较为复杂的生命活动，整体、动态、全面地分析线粒体蛋白质组对解释细胞质雄性不育机制尤为重要。近年来，线粒体蛋白质组在水稻、小麦、柚子等作物细胞质雄性不育机理研究中得到了广泛应用。

棉花雄性不育机理研究

利用 2 - DE 聚丙烯酰胺凝胶电泳对比分析小麦生理雄性不育系、细胞质雄性不育系与野生型材料的线粒体蛋白质组，通过点对点的比较，结果发现在花药败育过程中，有 71 个线粒体蛋白质在不育系与可育系的单核细胞早期与三核细胞期均差异表达，这些蛋白质与不同的细胞响应和代谢过程相关，主要参与三羧酸循环、蛋白质合成与降解、线粒体电子传递、氧化胁迫、细胞分裂和表观调控[139]。为了在蛋白质组水平揭示小麦细胞质雄性不育发生机制以及挖掘与育性相关的关键蛋白质，陈瑞红等人采用梯度离心法和胶体硅密度梯度法从小麦单核细胞期幼穗里分离了纯度高达 90% 线粒体。采用双向电泳技术检测不育系和可育系中线粒体蛋白质的表达情况，结果共得到 326 个蛋白质，其中有 315 个在不育系和可育系中表达模式相同，而另外 11 个线粒体蛋白呈现不同的表达情况。进一步通过 MALDI TOF - MS 对差异蛋白质进行验证，发现有 5 个蛋白质表达丰度确实在两系间存在差异，证明它们可能与育性调控相关[140]。2015 年，Wesołowski 等采用 BN - PAGE 方法分析了甜菜细胞质雄性不育系、保持系和恢复系中的线粒体蛋白表达模式，发现复合体 V 活性降低以及额外的含有 ATP 酶活性的复合物增多是引起雄性不育的主要因素。此外，在不育发生过程中，七聚物 HSP60、preSATP6 和游离的 ATP9 比例也有所增加。当育性恢复时，游离 ATP9 作用效果再次反转，这一结果说明线粒体蛋白功能改变对不育发生非常关键[141]。柚子胞质杂种不育系 G1＋HBP 含有细胞核基因组 HBP 和外源线粒体基因组 G1，电镜扫描结果发现在不育系花粉壁发育过程中，外壁细胞和孢子花粉素不能正常形成。利用 iTRAQ 技术对不育系 G1＋HBP 和可育系 HBP 总蛋白及线粒体蛋白质组进行分析，共鉴定到 2 235 个可信度较高的蛋白质，其中 666 个在可育系与不育系的不同发育阶段表达模式不同。在不育系 G1＋HBP 上调或者下调表达的蛋白质主要参与物质和能量代谢、核苷酸绑定、蛋白质合成与降解等生物学过程。此外，发现线粒体蛋白质在两系间也呈现出不同的表达丰度。这一结果证明，细胞核编码的蛋白质与线粒体蛋白质共同参与调控柚子细胞质雄性不育的发生[142]。

线粒体作为半自主细胞器，只能独立编码少数蛋白质，而大部分在线粒体中发挥功能的蛋白质都是由细胞核编码，然后再转运到线粒体中，所以研究不育系和可育系总蛋白表达模式，对揭示细胞质雄性不育发生同样具有重要意义。辣椒杂种优势明显，利用雄性不育系是配制辣椒杂交种的主要手段。在辣椒细胞质雄性不育研究中，中国农业大学研究团队采用 lab - free 高通量测序技术对比了辣椒细胞质雄性不育系和可育系蛋白质表达丰度，结果发现 324 个蛋白质表达丰度有差异。其中 47 个蛋白质在不育系中高表达，140 个在不育系中低表达，此外，在不育系和可育系中各有 75 和 62 个蛋白质是特异存在的。对这些差异表达或者特异存在的蛋白质进行功能分析，发现它们大多参与花粉外壁细胞形成、丙酮酸盐代谢过程、三羧酸循环、线粒体电子传递、氧化胁迫等生物学过程，证明这些蛋白质可能参与辣椒花粉败育[143]。同样在辣椒细胞质雄性不育机制研究中，应用二维差异电泳（2D - DIGE）和液相色谱质谱检测（LC - MS/MS）分析了不育系与保持系花药蛋白质组，共检测到 1 070 个花药蛋白，其中 13 个在不育系和保持系中表达模式不同。13 个差异蛋白质中，有 12 个在 NCBI 有注释，其中磷酸丙糖异构酶、肌动蛋白、谷胱甘肽转移酶、Cu/Zn 超氧化物歧化酶在不育系中表达量低于保持系，而乙酮醇还原异构酶、天冬氨酸蛋白酶等在不育系中表达丰度较高。在糖酵解过程中，磷酸丙糖异构酶含量降低显著地影响氧化磷酸化作用，最终导致 ATP 含量降低，而天冬氨酸蛋白酶含量增加会阻止正常的细胞程序性死亡，这些作用可能同时发生，共同调控花粉败育[144]。

1.5　棉花功能基因组研究

2000 年，随着模式植物拟南芥 [*Arabidopsis thaliana*（L.）Heynh.] 基因组序列测序完成，标志着植物研究开启了全新的基因组时代，紧接着稻（*Oryza sativa* L.）、玉蜀黍（*Zea mays* L.）、大豆 [*Glycine max*（L.）Merr.]、小麦（*Triticum aestivum* L.）等基因组相继被释放[145-149]，截至 2018 年年中，已有 193 种植物被公布基因组序列，为植物功能基因组学研究提供了便利。

棉花有 46 个二倍体种和 5 个四倍体种，其中各有两个为栽培种，二倍体栽培种包括草棉（*G. herbaceum* L.）和亚洲棉（*G. arboreum* L.），四倍体栽培种包括陆地棉（*G. hirsutum* L.）和海岛棉（*G. barbadense* L.）。棉花二倍体棉种基因组测序先于四倍体棉种，在 2012 年及 2014 年，科学家们陆续完成了二倍体棉种雷蒙德氏棉（*G. raimondii* L.）及亚洲棉基因组测序工作，获得了高质量的基因组图谱，同时解析了纤维发育影响因子[150-152]。由于雷蒙德氏棉基因组（D_5）是棉属里最小的基因组，它是第一个被测序和组装的棉花基因组。基因组大小为 775.2 Mb，注释出 40 976 个基因，Contig N50 为 44.9 kb，转座子含量占基因组大小的 57%。然而第一版 D_5 的基因组完整性和连续性较差，因此多家单位随后又发布了多个 D_5 基因组版本，基因组质量得到显著提升。其中最新版本在 2021 年完成，基因组大小为 750.2 Mb，Contig N50 为 17.0 Mb，挂载率达到了 99.0%，是目前质量最好的一个版本。亚洲棉基因组（A_2）则是在 2014 年组装完成，基因组大小为 1 694 Mb，Contig N50 为 72 kb，注释出 41 330 个基因，转座子含量占基因组大小比为 68.5%，相比于 D_5，经历了转座子的扩张事件。随后于 2018 年和 2020 年再次对其组装质量进行升级，显著提升了基因组的质量。2020 年，Huang 等对另一个二倍体物种 A1 进行组装，解决了四倍体 A 亚组的供体的争议。同时，研究人员也对其他几个二倍体棉进行测序组装[153]。

栽培种陆地棉最初驯化自中美洲和加勒比海地区，具有较强的环境适应性和高产特性，其所生产的棉纤维能够占全球产量 90% 以上。破译陆地棉的基因组序列有助于推动纤维品质、产量以及环境适应性等重要驯化性状的遗传基础解析，为精准培育优质高产的陆地棉品种提供理论指导。TM-1 是首个被组装成功的异源四倍体材料，2015 年，中国农业科学院棉花研究所和南京农业大学棉花研究团队同时完成了四倍体棉种陆地棉（TM-1）基因组测序工作，其中南京农业大学公布的基因组大小为 2 432.7 Mb，包含 70 478 个基因，Scaffold N50 大小为 1.6 Mb，其中 95.8% 的序列被排序聚类成 26 条染色体。该研究工作还阐述了陆地棉纤维性状主要受 A 亚基因组基因调控，而 D 亚基因组基因主要参与逆境胁迫响应[153-154]。陆地棉因其较高的纤维产量和较好的纤维品质，受到了广大棉花种植者和研究者的关注，为了获得更高质量的陆地棉基因组序列，随着三代测序技术的发展，华中农业大学张献龙研究团队在 2018 年重新测序组装了陆地棉基因组序列。相对于 2015 年释放的片段化较多和不完整的陆地棉基因组序列，本次采用三代测序技术获得了序列拼接完整、可信度较高的参考基因组，这一结果将促进棉花进化和功能基因组研究，同时也为棉花纤维性状的改良奠定了基础[155]。随着测序组装技术的发展，通过长读长数据（Pac Bio，Nanopore），Bio Nano 光学图谱，高通量染色体构象捕获技术（high-throughput chromosome conformation capture，Hi-C）等手段将该材料的基因组质量进行了多次升级。随后，有多个其他陆地棉品种的基因组也被成功组装[153]。

另一个四倍体栽培种海岛棉的产量低，栽培区域性强，但是其纤维品质比陆地棉优质，是高档或特殊棉纺织品的首选。海岛棉起源于安第斯山脉中部，特别是秘鲁北部和中部海岸，然后在安第斯山脉西部最初驯化后，跨越安第斯山脉扩张到南美洲北部，随后扩张到中美洲、加勒比地区和太平洋地区。同样在 2015 年，海岛棉基因组序列释放[156-157]，并初步揭示了海岛棉纤维伸长和加厚的调控模式。2018 年年底，华中农业大学张献龙团队更新了海岛棉 3-79 的基因组（3-79_HAU_V2）。该团队采用单分子实时测序、Bio Nano 光学图谱和 Hi-C 测序技术使得基因组序列的连续性以及完整性均得到了极大的提升。除了陆地棉和海岛棉这两个广泛种植的栽培种，异源四倍体棉还包括 5 个野生种：毛棉、黄褐棉、达尔文氏棉、艾克曼棉、斯提芬氏棉，2020—2022 年，以上几个棉种的基因组也陆续公布，标志着几个重要棉种全部测序完成，棉花功能基因组研究进入了全新的时代[153]。

随着棉花参考基因组的获得和不断完善，许多关于棉花基因组分析网站随之创建，其中，关于棉花基因组解读、基因功能解析、关键 QTL 预测相关的 CottonGen（https：//www.cottongen.org/）、ccNet（http：//structuralbiology.cau.edu.cn/gossypium/）和 CottonFGD（https：//cottonfgd.org/）的出现，更是为棉花功能基因组研究和关键基因挖掘提供了便利条件[158-160]。此外，包含棉花参考基因组的非编码 RNA 序列和结构注释网站 PNRD（http：//structuralbiology.cau.edu.cn/PNRD/index.php）也为棉花 miRNA 和 lncRNA 分析提供了参考[161]。测序技术的发展和成本的降低，使得高通量测序应用越来越广泛，转录组、小 RNA 组、全转录组测序相继被用来揭示植物生长发育调控机制。为了从数据量巨大而且繁琐的测序结果中提取出有用的信息，科学家发明了多种分析软件。在将测序结果比对到参考基因组并计算表达量的过程中，目前应用较多的分析流程有"TopHat + Cufflinks"和"hisAt + stringtie + Ballgown"[162-163]。差异表达信息分析主要依靠 Cufflinks 和 DEseq，另外 edgeR 也有应用[164-165]。对关键基因或者非编码 RNA 进行进一步功能分析，很多网站可以提供帮助，比如 miRNA 基因注释数据库包括 miRbase（http：//www.mirbase.org）、PMRD（http：//bioinformatics.cau.edu.cn/PMRD/）等。miRNA 靶基因预测网站有 targetScan（http：//www.targetscan.org/）、psRNATarget（http：//plantgrn.noble.org/psRNATarget/）等。lncRNA 研究常用的数据库有 lncRNAdb（http：//www.lncrnadb.org/）、NONCODE（http：//www.noncode.org），这两个数据库都提供了对 lncRNA 的全面注释。在基因功能注释方面，Blast2GO（https：//www.blast2go.com/）、WEGO（http：//wego.genomics.org.cn/）、argiGO（http：//bioinfo.cau.edu.cn/agriGO/）、KEGG（https：//www.genome.jp/kegg/）等研究平台，为科研工作者提供了不同基因详细的功能分析和研究思路。基于以上研究和分析基础，结合实验验证，通过多组学综合分析植物生长发育调控机制，成为了科研工作者突破的切入点。

1.6　研究目的和意义

棉花杂种优势利用历史悠久，杂种棉种植面积广泛，但是创制杂交种的方法相对落后。雄性不育系统的出现为棉花育种家提供了快捷、便利、低成本的杂交种创制手段。哈克尼西棉细胞质雄性不育系因其稳定的遗传背景和不育性状，应用范围广阔，是棉花杂种优势利用的重要途径。尽管前人已经从细胞学、生理生化、转录组、线粒体基因及蛋白质组水平对哈克尼西棉细胞质雄性不育产生机理进行了研究，但其发生机制到目前仍不是很清楚。前期基于对比分析哈克尼西棉细胞质雄性不育系 2074A 及保持系 2074B 线粒体基因组，发现了大量特异存在的 *orfs*，但仍没有解释清楚败育机制[53]。中国农业科学院棉花研究所研究团队通过全转录组水平对比分析哈克尼西棉 CMS‐D₂ 细胞质不育系、保持系及恢复系，结果发现，花蕾发育的小孢子细胞到减数分裂阶段，"三系"材料中存在大量差异表达基因，该研究证明参与生长节律代谢通路调控的细胞核基因对细胞质雄性不育发生起重要作用[166]。miRNA 和 lncRNA 作为具有调节功能的非编码 RNAs，已在多个物种中证明与雄性不育发生密切相关，但在棉花不育机制研究中仍处于空白。

《棉花雄性不育机理研究》主要以哈克尼西棉细胞质雄性不育系 2074A 和对应保持系 2074B 为材料，首先通过细胞学观察和生理指标检测，确定不育系败育发生的关键时期。然后以不育系败育发生前期及败育发生关键时期，以及保持系对应相同时期的花蕾为材料，进行全转录组测序分析，对败育发生前期及关键时期两系间非编码 RNA（miRNA、lncRNA）进行预测。旨在探索非编码 RNA 在不育发生过程中扮演的重要角色，并通过转基因手段，分别在棉花和烟草中验证候选非编码 RNA 功能，为了解非编码 RNA 调控败育发生的代谢通路奠定基础。此外，本书还阐述了对棉花细胞质雄性不育系败育发生关键时期及保持系发育相同时期花蕾线粒体蛋白质组的分析，研究结果从线粒体蛋白质组水平分析了不育发生与线粒体蛋白之间的关系。综合细胞学水平、生理水平、全转录组水平、同时结合线粒体蛋白质组水平揭示棉花细胞质雄性不育系发生机制，为进一步阐明棉花细胞质雄性不育分子机制提供了重要参考价值，研究结果对棉花细胞质雄性不育系种质创新及杂种优势利用具有十分重要的理论和现实意义。

Chapter 2

试验材料、设计与方法

2.1 试验材料

本试验转录组学及蛋白质组学分析用到的主要棉花试验材料：哈克尼西棉的细胞质雄性不育系 2074A、细胞质雄性不育保持系 2074B；在试验验证及分析过程中用到的棉花材料还有陆地棉细胞质雄性不育系 2074S，两套不育系共用的恢复系 E5903、杂交种 F_1A、杂交种 F_1S。

2074A 为哈克尼西棉细胞质 CMS-D_{2-2} 原始不育系 DES-HAMS_277，是通过棉种间的远缘杂交和回交将四倍体陆地棉的核置换到二倍体哈克尼西棉的细胞质中，经过多代回交选育而来的遗传稳定的哈克尼西棉细胞质雄性不育系材料，2009 年的系谱为 ｛｛［（DES-HAMS 277×E369）×中 7］$BC_{19}F_1$×鄂棉 18A｝$BC_{18}F_1$×徐州 244｝$BC_{12}F_1$，败育时期为小孢子母细胞减数分裂时期，属于无粉不育类型。

2074S 为陆地棉细胞质，是从山西农业大学棉花育种组培育的［陆地棉（G. hirsutum L.）×瑟伯氏棉（G. thurberi D1.）×亚洲棉（G. arboreum）×陆地棉］杂交种中获选的新的细胞质雄性不育系，是回交 21 代的不育系材料，该不育系材料的细胞质雄性不育特性来自陆地棉。

以上两个不育系的不育株率和不育度均为 100%，是稳定的细胞质雄性不育系材料。

细胞质雄性不育保持系 2074B 为徐州 244，也称苏棉 20 号，是以泗棉 3 号和苏棉 4 号杂交选育而成的优良品种。

细胞质雄性不育恢复系 E5903 来自 Z834R，最早起源于 DES-HAMS 277 的恢复系。

以上棉花材料，均根据花蕾横径大小，取不育系败育发生前期、不育系败育发生关键时期，以及其他可育材料与不育系生长相同时期的花蕾，在 5:00—8:00 取样，去掉苞叶、萼片、花瓣、柱头、胚珠后，保留花药并液氮速冻，−80℃ 保存备用。

2.2 试验设计

为了解析棉花细胞质雄性不育发生机理，并挖掘参与细胞质雄性不育的关键非编码 RNA 及线粒体蛋白质，本试验首先对不育系 2074A 及保持系 2074B 不同发育时期的花蕾进行细胞学分析，分别取 0～1.5 mm、1.5～3.5 mm、3.5～4.6 mm、4.6～9.0 mm，以及大于 9.0 mm 的花蕾，采用石蜡切片法，观察不同材料在相同发育时期的花药发育差异，初步确定不育系花粉败育发生的关键时期。在植株现蕾期取 2074A 及 2074B 的新鲜叶片及 1.5～9.0 mm 的花蕾用于生理生化指标测定分析，分别测定脯氨酸含量、可溶性糖含量、可溶性蛋白含量、过氧化物酶活性、超氧化物歧化酶活性、过氧化氢酶活性，进一步确定不育系败育发生的关键时期。然后，分别以不育系 2074A 和保持系 2074B 为材料，通过全转录组分析，对比不育系败育发生前期、败育发生关键时期，以及与保持系发育相同时期的花蕾中差异表达的 miRNA、lncRNA 及 mRNA；通过差异表达分析、差异表达验证、靶基因功能分析、非编码 RNA 与蛋白编码基因互作验证、关键非编码 RNA 及蛋白编码基因转基因验证、分子调控网络预测等，挖掘参与育性调控的关键非编码 RNA 及其调控的蛋白编码基因。此外，应用 DIA 测序技术，对比分析不育系 2074S、2074A 与保持系 2074B 线粒体中的差异表达蛋白，结合前期转录组测序结果，综合分析调控棉花细胞质雄性不育发生的线粒体蛋白质，并进行功能分析与验证。具体的试验设计技术路线如图 2-1 所示。

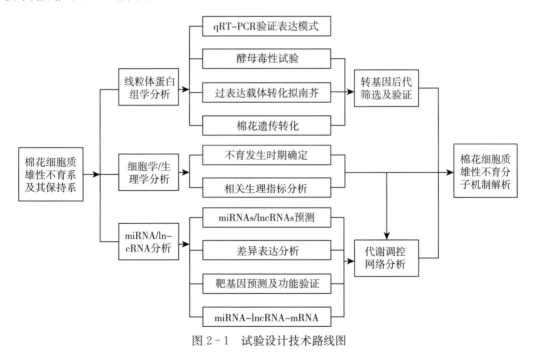

图 2-1　试验设计技术路线图

2.3　试验方法

本试验采用的试验方法，主要包括石蜡切片法、试剂法检测生理指标、醋酸铵法提取 RNA、非编码 RNA 测序及分析、农杆菌介导的基因遗传转化等。支持试验正常进行的主要仪器如表 2-1 所示。

表 2 - 1 试验所用仪器

仪器名称	生产厂家
PCR 扩增仪（UNOII）	Biometra 公司
高速离心机（CEGEND MICRO17）	Thermo 公司
高速低温离心机	Sigma 公司
恒温水浴锅（HWS24 型）、恒温培养箱	上海一恒
电泳仪（JY600C）、水平电泳槽（JY - SPB）	君意东方
凝胶成像系统	上海天能公司
可控温摇床（ZHWY - 2102C）、水平摇床	智成公司
立式电泳槽、电泳仪（HT - 300）	君意东方
人工气候箱（RXZ 型）	宁波江南
紫外分光光度计（WFZUV - 2800HA）	上海尤尼克
电子天平（JJ200）	上海智诚
控温振荡摇床（H2Q - C）	梅特勒-托利多
高压灭菌锅	日本 SANYO
微量移液器	法国吉尔森
超净工作台	苏净安泰

Chapter 3

棉花细胞质雄性不育系细胞学及生理生化指标研究

植物细胞学水平可以直观地反映植物表型性状，通过分析棉花的细胞质雄性不育系 2074A 与细胞质雄性不育保持系 2074B 花粉发育不同时期的细胞学特征，可以明确 2074A 花粉败育发生的关键时期。植物花粉发育是一个复杂的生物学过程，在雄性器官产生功能花粉粒之前，各种生理生化指标的变化均有可能导致花粉发育异常。大量研究表明，物质代谢、能量代谢、各种酶活性的变化与植物雄性不育密切相关。本研究通过对比分析 2074A 与 2074B 花粉发育各个时期的细胞学特征、叶片和花蕾中代谢产物的含量以及抗氧化胁迫酶的活性差异，旨在从细胞学水平和生理生化水平明确棉花细胞质雄性不育系败育发生的关键时期与特征，为后续进一步从分子水平揭示不育发生机制奠定基础。

3.1 试验材料与试剂

本研究主要以哈克尼西棉细胞质雄性不育系 2074A、陆地棉细胞质雄性不育系 2074S 和共同保持系 2074B 为材料[55]。

在 5:00—8:00，分别取 2074A 和 2074B 现蕾后不同横径大小（0～1.5 mm、1.5～3.5 mm、3.5～4.6 mm、4.6～9.0 mm，以及大于 9.0 mm）的花蕾，剥去苞叶、萼片、花瓣和胚珠后，将含有花药和柱头的剩余部分放于固定液中，用于细胞学观察。

在植株现蕾期，取 2074A、2074S 及 2074B 的新鲜叶片及 1.5～9.0 mm 的花蕾用于生理生化指标测定分析。

3.2 试验方法

包括石蜡切片法进行细胞学观察、脯氨酸含量测定、可溶性蛋白含量测定、可溶性糖含量测定、丙二醛（MDA）含量测定、过氧化物酶（POD）活性检测、过氧化氢酶（CAT）活性检测、超氧化物歧化酶（SOD）活性检测等[167]。

生理生化指标测定结果的整理与计算使用 Excel 完成，各样品间差异显著性分析利用 SPSS 软件（SPSS 19.0）完成。

3.3 结果与讨论

3.3.1 棉花的细胞质雄性不育系 2074A、细胞质雄性不育保持系 2074B 花药发育细胞学特征

为确定不育系花粉败育发生的关键时期，试验团队利用石蜡切片法比较了 2074A 和 2074B 花粉发育不同阶段的细胞学特征。根据棉花花药发育过程，分别取不同横径大小的花蕾进行细胞学观察。鉴于花蕾大小及花药生长发育处于不同阶段，对每个材料在 5 个不同时期的花蕾进行石蜡切片分析，5 个不同时期分别对应花蕾横径为 0～1.5 mm、1.5～3.5 mm、3.5～4.6 mm、4.6～9.0 mm 及大于 9.0 mm。石蜡切片采用番红固绿染色，结果如图 3-1 所示。

当花蕾横径在 0～1.5 mm 时，花药发育处于孢原细胞期至花粉母细胞期，雄蕊原基首先发育分化出孢原细胞，孢原细胞经过一次非对称平周分裂，再经历径向的非对称分裂，分别形成绒毡层细胞和造孢细胞。不育系 2074A 和保持系 2074B 在花药发育孢原细胞期至造孢细胞期没有显著的细胞学差异，花粉囊壁细胞从外到内依次形成外皮层、内皮层、中层、绒毡层，且全部发育正常。造孢细胞经过多次有丝分裂后形成小孢子母细胞，保持系 2074B 花药的小孢子母细胞的体积较不育系 2074A 花药的大，细胞质浓厚、核仁明显。花粉母细胞期，2074A 细胞排列紧密，但 2074B 的绒毡层有开始膨大的趋势，细胞核质扩散，准备进入下一分化时期，表明在这一阶段，2074A 的花粉发育滞后于 2074B，我们将这一阶段定义为花药发育的阶段Ⅰ，也就是花粉败育发生的前期（图 3-1a、图 3-1f）。

在减数分裂期至单双核花粉期（花蕾横径为 1.5～9.0 mm），从图 3-1g 可以看出，2074B 花药的小孢子母细胞体积增大，绒毡层细胞有序排列且不断扩大，中层细胞出现退化现象，核仁愈发明显。而同时期不育系 2074A 的绒毡层细胞液泡化并与小孢子凝集在一起（图 3-1b）。随后，不育系 2074A 花药扩展的绒毡层细胞侵入内室，被挤压的小孢子处于皱缩状态（图 3-1c），不能正常经过分裂形成四分体，此后，小孢子从四分体细胞释放并形成单核小孢子的过程也被抑制，最终导致小孢子破裂并在单核期后期死亡（图 3-1d）。而在 2074B 中，中层细胞逐渐压缩和分解，绒毡层细胞排列趋于松散，花粉母细胞经过两次减数分裂形成四分体（图 3-1h），随后，绒毡层开始降解并释放胼胝质酶，胼胝质酶作用于四分体壁使四分体壁细胞逐步降解，小孢子从四分体中被释放出来形成单核小孢子（图 3-1h、图 3-1i）。单核小孢子进一步有丝分裂形成双核花粉粒，双核花粉粒接近圆形，内容物并没有填充完成，此时绒毡层细胞已基本降解，为花粉粒的进一步发育提供营养物质（图 3-1i）。

在花粉粒成熟时期（花蕾横径大于 9.0 mm），不育系 2074A 的绒毡层进一步皱缩，小孢子缺乏细胞质并且发育畸形，花粉囊被降解的绒毡层和小孢子填满，不能产生有花粉粒的花粉囊（图 3-1e）。相反，保持系 2074B 的绒毡层细胞完全降解，为花粉粒成熟提供了必要的营养物质，花粉粒内部的内容物不断增多，产生成熟的可育花粉粒（图 3-1j）。

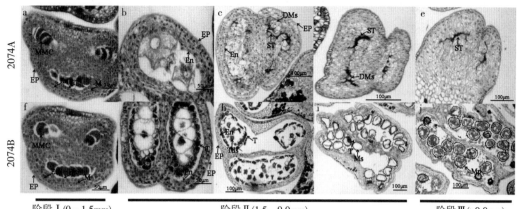

图3-1 棉花细胞质雄性不育系2074A及其保持系2074B花药发育比较分析（参照彩图2）

EP：外皮层 En：内皮层 M：中层 T：绒毡层 MMC：小孢子母细胞 Tds：四分体

Ms：小孢子 DMs：降解的小孢子 ST：皱缩的绒毡层 Mp：成熟的花粉粒

上述细胞学研究表明，绒毡层细胞过早的液泡化使不育系2074A的小孢子发育不能有足够的空间和适宜的内部环境，小孢子被逐渐压缩并最终降解，不能产生四分体细胞和单双核花粉粒。减数分裂至单双核花粉期是2074A花药流产发生的主要时期（阶段Ⅱ），此时，对应的花蕾横径为1.5～9.0 mm。

3.3.2 不育系和保持系不同组织生理指标检测

植物花粉发育是一个复杂的生物学过程，在该过程中，多种生理生化指标的变化均可能导致花粉发育发生异常。为了进一步确定花粉败育的关键时期并从生理水平上解释雄性不育的机理，试验团队对棉花植株叶片及花药发育处于减数分裂至花粉单双核期花蕾中的代谢产物含量和抗氧化酶活性进行了检测。本研究中，除了对比分析哈克尼西棉的细胞质雄性不育系2074A与细胞质雄性不育保持系2074B生理指标的差异，还额外分析了陆地棉细胞质雄性不育系2074S相同时期生理指标水平，结果如图3-2及图3-3所示。

3.3.2.1 代谢产物含量变化

从图中可以看出，游离脯氨酸在不育系2074S及2074A的叶片和花蕾中含量均低于保持系2074B，在叶片中，不育系与保持系脯氨酸含量无显著差异。保持系花蕾中脯氨酸含量相对于叶片中显著升高，而不育系花蕾中脯氨酸含量相对于叶片中有所下降，这一现象使得保持系花蕾中脯氨酸含量极显著高于不育系，说明脯氨酸含量在生殖器官中的变化可能造成花蕾雄性器官发育异常。在两个细胞质不育系中，脯氨酸含量在叶片中和在花蕾中水平均相似，说明脯氨酸含量低于保持系是不育系共有的特征（图3-2）。

可溶性蛋白为小孢子的组成成分和发育过程中的营养来源，但是在本研究中，两个不育系以及保持系中可溶性蛋白的含量并没有显著差异。植株不同组织中的可溶性蛋白也没有发生显著变化。

可溶性糖为花粉发育提供必要的碳源、氮源和能量，不育系中可溶性糖的缺乏，可能对花粉的正常发育造成影响。本研究的试验结果证实，相同材料中的可溶性糖在不同组织中含量相似，但是在不同材料的相同组织中，可溶性糖含量存在显著差异。从图 3-2 可以看出，不管是在叶片中还是在花蕾中，保持系中可溶性糖含量均显著高于两个不育系，这一结果说明可溶性糖在保持系生长发育中能够提供充足的碳水化合物，保证保持系营养及生殖生长正常运行，而不育系中由于碳水化合物缺乏，可能导致生长异常。

稳定的膜脂结构是细胞维持正常代谢活动的前提条件，丙二醛（MDA）是脂质过氧化的主要产物，其积累量间接决定着膜脂结构的稳定性。通常情况下，丙二醛（MDA）含量越高，膜脂结构稳定性越差，膜脂结构的破坏可能导致组织内的代谢紊乱[168]。本研究的试验结果表明，不育系 2074A 和 2074S 中，丙二醛（MDA）含量不管是在叶片中还是在花蕾中均显著高于保持系，说明在不育系生长发育的不同组织中，始终伴随着较高的氧化胁迫，膜脂结构遭到破坏的程度远高于保持系。

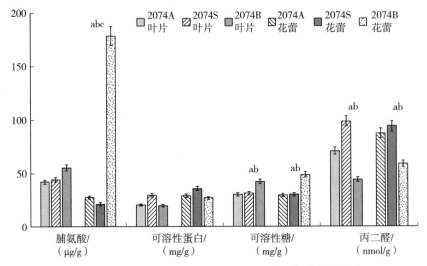

图 3-2 棉花不育系与保持系叶片及花蕾的代谢产物含量

a，b，c 表示差异显著（$P<0.05$），其中 a 表示 2074B 与 2074A 相同组织差异显著，b 表示 2074B 与 2074S 相同组织差异显著，c 表示相同材料不同组织差异显著。

3.3.2.2 抗氧化胁迫酶活性变化

有研究证明，氧化胁迫是造成植物雄性不育的主要原因之一，抗氧化胁迫酶在雄性不育系中的活性低于可育系已在多个物种中得到证实。在本研究中，不育系和保持系叶片中过氧化物酶（POD）活性显著高于花蕾，而且在叶片中，保持系 2074B 过氧化物酶（POD）活性显著高于不育系 2074A，与不育系 2074S 差异不明显。对于花蕾，保持系 2074B 中过氧化物酶（POD）活性均显著高于两个不育系，说明在保持系 2074B 的花蕾中，抗氧化胁迫的能力优于不育系（图 3-3）。

过氧化氢酶（CAT）是清除 H_2O_2 氧化胁迫离子的主要酶类，在不育系和保持系不同组织中，过氧化氢酶（CAT）活性相似，没有显著的变化。在相同组织中，不管是在叶片中还是在花蕾中，保持系 2074B 的过氧化氢酶（CAT）活性均显著高于两个不育系（图 3-3）。

超氧化物歧化酶（SOD）作为清除氧化胁迫离子的主要酶类，在植物正常生长发育中扮演着重要角色。在两个不育系的叶片中，超氧化物歧化酶（SOD）活性均显著高于保持系，这可能是不育系植株自我保护反应带来的结果，不育系植株在生长过程中通过自身提高保护酶活性来降低氧化胁迫带来的危害，这一现象与不育发生关系不大。随着植株的发育，在生殖生长阶段，保持系 2074B 花蕾中超氧化物歧化酶（SOD）活性显著高于两个不育系，确保了花粉发育过程中氧化胁迫处于较低水平，保证了花粉正常生长。

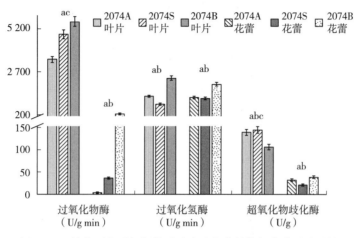

图 3-3　棉花不育系与保持系叶片及花蕾的抗氧化胁迫酶活性

a，b，c 表示差异显著（$P < 0.05$），其中 a 表示相同组织中 2074B 与 2074A 差异显著，b 表示相同组织中 2074B 与 2074S 比较差异显著，c 表示相同材料不同组织差异显著。

3.4　讨论

3.4.1　棉花 2074A 花粉败育关键时期

植物生殖器官发育是复杂的生物学过程，涉及各种生理生化指标、不同基因互作、多种酶含量的变化等。由于不同细胞质来源的不育系控制花粉败育发生的关键基因不同，引起小孢子细胞生长变化或发生异常的时期和方式都有所不同，所以不同物种甚至相同物种的不同不育系材料间发生花粉败育的细胞学特征及时期也不会完全相同。在红麻细胞质雄性不育系 UG93A 的花粉母细胞时期，细胞学特征与保持系 UG93B 没有明显的差异，只是 UG93B 的细胞质更为松散，绒毡层膨大时期早于不育系 UG93A；进入减数分裂期后，不育系 UG93A、保持系 UG93B 的花粉母细胞都可以分化形成四分体，但是在单核期，保持系 UG93B 四分体的胼胝质逐步降解并释放出圆形、规则的小孢子，而不育系 UG93A 的四分体释放出的小孢子大部分发育畸形；进入双核期后，保持系 UG93B 小孢子的体积进一步增大，而绒毡层的不断降解为形成的花粉粒提供了足够的营养物质，不育系 UG93A 的绒毡层细胞仍没有完全降解，畸形的小孢子不能形成有效花粉粒。在棉花的光敏性雄性不育系和野生型可育系对比研究中发现，在小孢子形成之前，两系的花药发育没有明显的差别，小孢子母细胞均可经过减数分裂期和四分体期形成正常的小孢子。但是在小孢子从四分体中被释放出来之后，野生型可育系的绒毡层开始不断降解，液泡和小孢子不断增大，而此时不育系的小孢子呈无规则形状增大，并且仅含有少量的细胞质。这一结果表明，在花药发育过程中，不育系和野生型可育系都可以产生小孢子，只不过不育系的小孢子不能继续正常发育产生花粉粒[169]。水稻野生型败育细胞质雄性不育系中，由于绒毡层细胞在花药发育过程中提前降解，导致花粉囊中氧化胁迫加重，而抗氧化胁迫酶活性不足，导致细胞内的平衡被打破，最终造成花粉败育[20]。本研究发现，在花粉母细胞期之前，棉花细胞质雄性不育系 2074A 和细胞质雄性不育保持系 2074B 的花药发育没有明显差异，小孢子母细胞均可正常形成，但是在花粉母细胞期可以明显看出 2074B 继续发育的趋势早于 2074A。进入减数分裂期后，2074B 花粉母细胞经过分裂后产生四分体，进一步释放出规则的小孢子，小孢子在双核期不断增大，内容物逐渐增多，最终产生成熟的花粉粒。而 2074A 的花药从花粉母细胞期进入减数分裂期后，其绒毡层细胞液泡化并占据整个花粉囊，使得小孢子母细胞被逐渐压缩不能正常形成四分体，以致没有规则的小孢子被释放出来，最终导致不能产生花粉粒。所以推测花药发育的减数分裂期至双核期是棉花 2074A 花粉败育发生的关键时期。

3.4.2 代谢产物与花粉育性

脯氨酸、可溶性糖、可溶性蛋白、丙二醛都是植株生长发育过程中必不可少的代谢产物。脯氨酸是植物蛋白质的组分之一，能够以游离状态广泛存在于植物体中。在干旱、盐渍等胁迫条件下，许多植物体内大量积累脯氨酸，其积累的脯氨酸除了作为植物细胞质内渗透调节物质外，还在稳定生物大分子结构、降低细胞酸性、解除氨毒以及作为能量库调节细胞氧化还原势等方面起着重要作用。已有研究证明，脯氨酸是与花粉育性相关的最重要的氨基酸，它不仅可以为花粉发育提供必要的能量和营养物质，也是一些蛋白质合成的重要初始原料。苜蓿不育系发生机理研究从转录组学、蛋白质组学和生理生化水平证明了脯氨酸含量以及与脯氨酸代谢相关基因的变化，与不育发生呈显著正相关性，脯氨酸含量减少，会影响苜蓿花粉正常发育[170]。可溶性糖属于碳水化合物，主要指能溶于水及乙醇的单糖和寡聚糖，是花粉形成的基础物质和营养来源。大量研究证明，可溶性糖含量降低可导致花粉活力下降甚至雄性不育[171]。检测哈克尼西棉不育系和保持系花药发育不同时期可溶性糖含量变化，结果发现，在保持系中可溶性糖含量随着花药的不断发育呈逐渐下降的趋势，但是在不育系中却处于稳定状态，证明花药正常发育需要消耗大量的可溶性糖，而可溶性糖含量不足必然影响花药发育[62]。可溶性蛋白是重要的渗透调节物质和营养物质，其增加和积累能提高细胞的保水能力，对细胞的生命物质及生物膜起到保护作用。可溶性蛋白对花药发育具有重要影响，它可以为小孢子发育提供营养物质和原材料组分。丙二醛是由于植物器官衰老或在逆境条件下受伤害，其组织或器官膜脂质发生过氧化反应而产生的，它的含量与植物衰老和在逆境条件下受伤害有密切关系。丙二醛是衡量植物膜脂结构稳定性的主要指标，通常情况下，丙二醛含量增加，说明膜脂受到氧化胁迫加深，植物体内氧自由基增多，丙二醛与抗氧化胁迫酶呈负相关性。植物体内丙二醛处于过高水平会导致膜脂结构异常，影响植物体内正常的生理代谢，最终引起植物组织发育异常[164]。在本研究中，两个不育系中脯氨酸、可溶性糖含量均显著低于保持系，这一结果可能表明不育系在花药发育过程中营养物质和基本组分缺乏，引起不育发生。而丙二醛含量却显示出在两个不育系中显著高于保持系，而且在叶片中和在花蕾中表现基本一致，说明在不育系各个组织中，丙二醛含量均不断积累，膜脂稳定性一直处于较低水平。在保持系中，丙二醛含量与脯氨酸含量呈显著正相关，说明这两个代谢产物可能相互协作，共同影响花药的发育。

3.4.3　抗氧化胁迫酶活性与雄性不育

氧化胁迫是导致雄性不育发生的主要原因，而抗氧化胁迫酶活性的降低，与氧化胁迫的增加有密切关系。超氧化物歧化酶（SOD）是一种重要的酶，它在植物的生长和发育过程中起着至关重要的作用。超氧化物歧化酶（SOD）是一种抗氧化酶，它能够将超氧自由基转化为氧气和过氧化氢，从而保证植物体内氧化与抗氧化的平衡。过氧化物酶（POD）是以过氧化氢为电子受体催化底物氧化的酶，主要存在于载体的过氧化物酶体中，以铁卟啉为辅基，可催化过氧化氢、氧化酚类化合物、胺类化合物、烃类氧化产物，具有消除过氧化氢以及去除酚类、胺类、醛类、苯类毒性的双重作用。过氧化氢酶（CAT）普遍存在于能呼吸的生物体内，包括植物的叶绿体、线粒体、内质网以及动物的肝和红细胞，其酶促活性为机体提供了抗氧化防御机理。在棉花不育系、保持系和杂交种对比分析中发现，不育系花药中不管是败育初期还是败育关键时期，氧化胁迫均高于可育系的相同发育时期，但是上述 3 种抗氧化胁迫酶的活性却呈现出相反的趋势，这一结果说明氧化胁迫与保护机制处于完全不平衡的状态可能是导致花粉母细胞大量凋亡的主要原因[63]。本研究中，不育系和保持系叶片中抗氧化胁迫酶活性显著高于花蕾中的酶活性，可能是由于植株为了自我保护，诱导产生了更多的抗氧化胁迫酶来抵抗氧化胁迫，以保证正常的光合作用供植株生长。而在植株花蕾中，氧化胁迫加深，抗氧化胁迫酶在消除氧化胁迫过程中，活性不断降低。不育系花蕾中的抗氧化胁迫酶的活性显著低于保持系，抗氧化胁迫酶活性的降低使得氧化胁迫不能被及时有效地消除，导致膜脂结构被破坏，引起雄性不育；而且，在保持系中，丙二醛含量与超氧化物歧化酶（SOD）活性呈极显著负相关，说明超氧化物歧化酶（SOD）活性增加可以有效清除活性氧，使膜脂氧化胁迫程度降低，丙二醛维持在较低水平。

细胞学及生理生化指标分析结果证明，当花药发育处于减数分裂期到花粉双核期时，不育系 2074A 和保持系 2074B 发育和代谢存在明显的差异，所以试验团队确定减数分裂期到花粉双核期为花粉败育发生的关键时期，对应花蕾横径为 1.5～9.0 mm。研究这一时期非编码 RNA 及线粒体蛋白质表达模式差异，可能对揭示雄性不育发生机制具有重要意义。

Chapter 4
棉花细胞质雄性不育发生相关 miRNAs 鉴定与分析

杂种优势已在多个物种中得到广泛应用。棉花作为世界上重要的经济作物，应用杂种优势可以大大提高产量。棉花属于常异花授粉作物，采用传统的人工去雄法配制杂交种成本较高，而且费时费力。细胞质雄性不育系统由于其稳定的不育性状和方便省时的杂交手段，得到了广大育种者的青睐。尽管在多个物种中发现了细胞质雄性不育现象并得以应用，但其发生机制还不是很清楚。大量研究证实，细胞质雄性不育是由于细胞质基因组与细胞核基因组不协调作用引起的，在这一过程中，线粒体基因扮演着重要角色。随着研究的深入以及测序技术的不断发展，越来越多的实验证明 miRNAs 参与调控细胞质雄性不育发生。本研究基于前期细胞学和生理生化指标分析结果，对棉花细胞质雄性不育系败育前期和败育关键时期花蕾中的 miRNAs 进行鉴定，并通过与保持系进行对比分析，筛选得到参与调控不育发生的候选 miRNAs，对其进行功能分析和验证，旨在阐述 miRNAs 调控细胞质雄性不育发生机制，为进一步揭示棉花细胞质雄性不育发生机理奠定基础。

4.1 试验材料

4.1.1 植物材料

（1）哈克尼西棉细胞质雄性不育系 2074A 败育前期（0＜花蕾横径＜1.5 mm）、败育关键时期（1.5＜花蕾横径＜9.0 mm）的花蕾，雄性不育保持系 2074B 与雄性不育系相对应同时期的花蕾，以及雄性不育恢复系 E5903 和杂交种 F_1（2074A×E5903）的花蕾，以上所有花蕾均去除苞叶、萼片、花瓣、胚珠；

（2）珊西烟草（*Nicotina tabacum* cv. Xanthi-nc），由中国农业大学棉花基因组实验室保存。

4.1.2 载体及菌株

（1）克隆载体 pMD18 - T，购于 TaKaRa 生物有限公司；

（2）植物表达载体 pCAMBI3301，由吉林大学植物科学学院原亚萍老师提供；

（3）大肠杆菌菌株 DH5α，根癌农杆菌菌株 GV3101，均由实验室保存并制备感受态细胞。

4.2　试验方法

4.2.1　总 RNA 提取

采用 CTAB—醋酸铵法提取总 RNA，以下操作均相同。提取过程中用到的所有玻璃器皿均经过 180℃高温烘焙，所用试剂及塑料耗材均经过 1/1 000 的 DEPC 母液去除 RNA 酶处理。

4.2.2　小 RNA 文库构建及数据分析

上述 RNA 质量检测合格后，取 1.5 μg 用于小 RNA 文库构建。本研究共选取 4 个样本，包括不育系 2074A 败育前期（2074A‑Ⅰ）、不育系 2074A 败育关键时期（2074A‑Ⅱ）以及保持系 2074B 分别与不育系对应的两个时期（2074B‑Ⅰ、2074B‑Ⅱ），每个样本 3 次生物学重复，共构建 12 个小 RNA 文库。RNA 经 DNase Ⅰ消化 DNA 后，利用 15%聚丙烯酰胺凝胶电泳分离 18～35 nt 的小 RNA 片段，回收后分别在 5' 端和 3' 端添加接头序列，经过 18 个循环反转录合成 cDNA，接着经过几轮 PCR 反应生成 DNA 池，最后对这个 DNA 池进行测序。测序由北京百迈客公司利用 HiSeq2500 高通量测序平台完成。

测序原始数据去除两端接头序列和低质量片段，然后利用 Bowtie 软件将剩余高质量序列与 Rfam、Silva、GtRNAdb 和 Repbase 数据库比对，注释重复序列、rRNA、tRNA、snRNA、snoRNA 和其他非编码 RNAs。剩余未注释序列与陆地棉 TM‑1 基因组比对，比对上的测序片段和 miRBase 数据库中的棉花 miRNA 前体序列进行比对，当两者间的错配小于 2 个碱基时，认为该序列为已知的保守棉花 miRNA。此外，利用 miRDeep2 软件预测可能的新的 miRNA 序列[172]，利用网站 RNAfold 获得新 miRNA 前体序列的二级结构[173]。

差异表达 miRNA 分析利用 DESeq 软件完成[174]；miRNA 家族分析由 MEGA5 软件完成[175]，利用 psRNATarget 网站（http：//plantgrn. noble. org/psRNATarget/）完成miRNA 靶基因预测。

4.2.3　靶基因功能分析

靶基因功能分析通过 Blastp 比对蛋白质非冗余数据库（Nr，E‑value＝1.0E‑6），利用blast2go 软件进行 GO 功能注释，利用 WEGO 网站（http：//wego. genomics. cn/）完成作图。KEGG 代谢通路分析由 KOBAS 2.0 网站完成，设定阈值为 $P<0.05$。

4.2.4　表达模式验证

4.2.4.1　miRNA 荧光定量 PCR

miRNA 表达量检测使用特定的 miRNA 反转录试剂盒（Mir‑XTM miRNA First‑Strand Synthesis Kit）完成，反转录之前，首先利用 DNase Ⅰ消化 RNA 中的 DNA，37℃温育 30 min 后，加入 1 μL 0.5 M EDTA，80℃反应 2 min 后终止 DNase Ⅰ酶反应。消化完 DNA，再次测定 RNA 浓度，反转录合成 cDNA。测定反转录合成的 cDNA 模板

浓度，将各个样品 cDNA 稀释到相同浓度后，对 miRNA 表达量进行检测。

4.2.4.2 蛋白编码基因荧光定量 PCR

检测蛋白编码基因表达量时，cDNA 模板合成及 qRT-PCR 反应体系参考赵彦朋博士学位论文[176]。棉花 *UBQ7* 基因作为内参，根据 $2^{-\triangle\triangle t}$ 法计算各基因相对表达量（RQ）[177]。

4.2.5 植物表达载体构建

过表达载体构建过程参考聂虎帅硕士学位论文[178]。

4.2.6 叶盘法转化烟草

叶盘法转化烟草参考赵彦朋博士学位论文[176]。

4.3 结果与分析

4.3.1 小 RNA 注释与序列分析

采用二代高通量测序技术对 12 个小 RNA 文库进行测序，在 2074A-Ⅰ、2074A-Ⅱ、2074B-Ⅰ、2074B-Ⅱ中分别平均获得 21 817 205、21 815 925、19 452 427、18 684 899 个原始序列。去除接头序列、短序列和低质量片段后，4 个样本中分别保留了 19 309 969、19 673 862、17 799 877、15 886 423 个序列片段（图 4-1a）。与参考基因组序列比对，结果发现有 8.47~11.67 百万个片段可以匹配到陆地棉参考基因组（TM-1，NBI）。通过比对已知数据库对所有序列进行注释，可将这些序列分为 Repbase、tRNA、snoRNA、snRNA、scRNA、unannotated、rRNA 七大类，其中 unannotated（未注释）序列所占比例最大，其次为 rRNA 序列，而且 unannotated（未注释）序列在 4 个不同文库中所占比例相似（图 4-1b）。统计这些序列长度发现 4 个文库中大部分序列集中在 21~24 bp，其中 24 bp 长度的序列所占比例最大，约占总序列的 50%，其次为 23 bp、22 bp、21 bp，各占总序列的 10% 左右（图 4-1c），这一分布趋势与前人在玉米、大豆、胡萝卜等作物中的研究结果相似[83,179-180]。

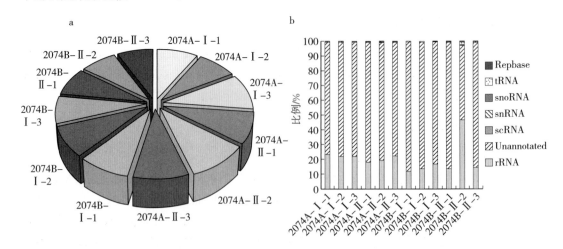

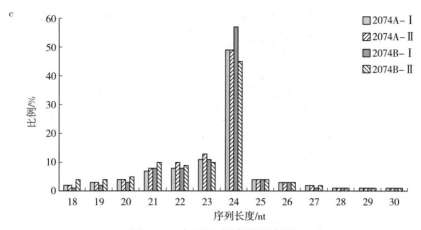

图 4-1　小 RNA 测序质量检测

a：12 个样本中小 RNA 总序列分布　b：每个样本中小 RNA 注释分布　c：小 RNA 长度统计

4.3.2　已知和新 miRNA 鉴定

为鉴定 miRNA，试验团队首先将未注释的小 RNA 序列和 miRNA 数据库（miRBase 21.0）比对，当错配碱基少于 2 个时，认为该序列与数据库中的 miRNA 序列同源，定义为已知的棉花 miRNAs。4 个文库中共鉴定得到 77 个已知 miRNAs，属于 54 个保守的 miRNA 家族。此外，试验团队利用 miRDeep2 软件分析了剩余的未注释小 RNA 序列，共鉴定得到了 256 个新 miRNAs，标记为 miRn1～miRn256。在 256 个新 miRNAs 中，有 41 个 miRNAs 可划分在保守的 miRNA 家族中（附录 A），这些新 miRNA 序列与已知 miRNA 序列相似性较高，绝大多数都由 21 个碱基组成，GC 含量处于 29.60%～46.85%，最小自由能（MFE）在 -92.60～52.50 kcal/mol，明显小于 tRNAs（-27.50kcal/mol）和 rRNAs（-33.00kcal/mol）的 MFE 值。剩余的 215 个新 miRNAs 划分在 141 个新 miRNA 家族中。

所有鉴定得到的 333 个 miRNAs 中，有 157 个长度为 21 bp，112 个长度为 24 bp，其余 miRNAs 分别由 18～25 个碱基组成。54 个保守的 miRNA 家族中，共包含 118 个 miR-NAs，其中 MiRNA156 家族包含成员最多，共有 11 个 miRNAs，其次为 MiRNA172、MiRNA396、MiRNA166，分别有 10 个、8 个、8 个 miRNAs，其余大部分 miRNA 家族只包含一个或两个 miRNAs。

基于拟南芥中 AGO1 蛋白与首位碱基为尿嘧啶的 miRNA 序列结合能力更强，而且 miRNA 只有与 AGO1 蛋白结合后才能发挥调控蛋白编码基因的功能[181]，所以推测 miR-NA 序列首位碱基具有尿嘧啶偏好性。为验证这一结果，试验团队对预测得到的 333 个 miRNAs 碱基分配比例进行了分析，结果发现，这些 miRNAs 首位碱基为尿嘧啶的比例最大，占 60% 左右（图 4-2）。此外，在长度为 18 bp 和 25 bp 的 miRNA 中，首位碱基为尿嘧啶的比例几乎达到 100%，而在 20～23 bp 的 miRNA 中，比例也在 50%～80%（图 4-3）。

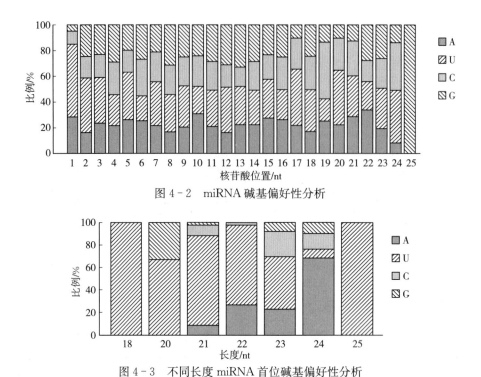

图 4-2 miRNA 碱基偏好性分析

图 4-3 不同长度 miRNA 首位碱基偏好性分析

4.3.3 miRNA 表达模式分析

对比分析各 miRNAs 在 2074A-Ⅰ与 2074B-Ⅰ、2074A-Ⅱ与 2074B-Ⅱ以及 2074A-Ⅰ与 2074A-Ⅱ的表达模式，结果共发现 71 个 miRNAs 在表达模式上存在差异，其中已知 miRNAs 10 个，新 miRNAs 61 个。对差异表达 miRNAs 进行聚类分析，结果如图 4-4a 所示，从图中可以看出，差异表达的 miRNAs 大体可以分为 3 类：第Ⅰ类 miRNAs 在 2074A-Ⅰ及 2074A-Ⅱ中的表达量相对于 2074B-Ⅰ和 2074B-Ⅱ高，而且在不育系花蕾发育不同时期表达模式也有差异；第Ⅱ类 miRNAs 仅在 2074B-Ⅱ中表达量较高；第Ⅲ类 miRNAs 在不育系两个时期表达量明显低于保持系对应的相同时期。为了验证小 RNA 测序结果的可靠性，试验团队随机筛选了 14 个差异表达 miRNAs 进行 qRT-PCR 表达模式验证，以 qRT-PCR 相对表达量和小 RNA 测序 TPM 值分别计算差异表达 miRNA 的差异倍数，发现两种方法检测结果相关性较高（图 4-4b），表明小 RNA 测序结果可靠，可用于后续分析。

差异表达 miRNAs 中，部分 miRNAs 在相同材料不同时期或不同材料相同时期的表达量有极显著差异。如 miR827a 在不育系 2074A-Ⅰ的表达量极显著高于 2074A-Ⅱ，同时也极显著高于 2074B-Ⅰ。而且，miR827a 在 2074A-Ⅱ中的表达量也极显著高于 2074B-Ⅱ，以上结果证明 miR827a 在不育系各个时期的表达量均极显著高于保持系相同时期（图 4-4f）。miR393 在 2074A-Ⅱ的表达量显著低于 2074B-Ⅱ，miRn75 在 2074A-Ⅰ的表达量分别显著和极显著地低于 2074B-Ⅰ以及 2074A-Ⅱ（图 4-4c、图 4-4h）。miRn25 在 2074A-Ⅰ、2074B-Ⅱ上的表达量均极显著低于 2074A-Ⅱ（图 4-4e）。此外，miRn47、 miRn104 及 miR827a 在不育系败育前期表达量都极显著高于其他时期或其他材料（图 4-4g，图 4-4f），而 miRn75、miR7510b、miRn84、miR2948-5p、miR393、miR399d 在保持系 2074B-Ⅱ中的表达量较高（图 4-4a、图 4-4c、图 4-4d、图 4-4h），这些差异表达 miRNAs 对其靶基因的调控可能会在棉花雄性器官生长发育过程中发挥关键作用。

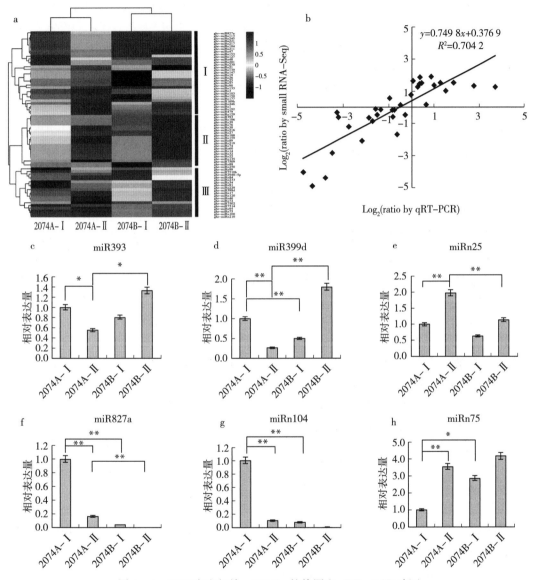

图 4-4 CMS 发生相关 miRNAs 的热图和 qRT-PCR 验证

a：4 个 miRNA 文库中差异表达 miRNA 热图　b：miRNA 测序结果与 qRT-PCR 结果相关性分析

c～h：CMS 发生相关 miRNAs 表达模式分析　*表示差异显著（$P<0.05$）　**表示差异极显著（$P<0.01$）

4.3.4　差异表达 miRNA 靶基因预测及功能分析

　　miRNA 主要通过在转录或翻译水平调节蛋白质编码基因的作用模式，发挥生物学功

能。本试验利用 psRNATarget 网站对 71 个差异表达的 miRNAs 靶基因进行预测，参数
设置如下：E＝3（0～5）；hspsize＝20；top＝25；UPE＝25（0～100）；Range of central
mismatch leading to translational inhibition（9～11 nt）。以陆地棉基因组 CDS 序列作为
靶基因参考序列，共预测得到 736 个靶基因，除去重复存在的基因，一共为 232 个蛋白编
码基因。在 71 个 miRNAs 中，10 个已知 miRNAs 靶向 67 个蛋白编码基因，而 61 个新
miRNAs 靶向 165 个蛋白编码基因，这些基因包括 *MYB*、*RAP2 - 7*、*AP2*、*WRKY* 等转
录因子以及一些信号通路相关基因，如生长素响应因子、F - box 蛋白及 PPR 蛋白等。

　　实验室前期对相同材料相同时期样本进行了转录组测序，为更加准确地预测 miRNA
靶基因，试验团队分析了各组对比试验的转录组测序结果。同 miRNA 分析一样，4 个测
序样本进行 3 组对比分析，分别为 2074A - Ⅱ vs 2074A - Ⅰ、2074B - Ⅰ vs 2074A - Ⅰ 以及
2074B - Ⅱ vs 2074A - Ⅱ，利用 DESeq 分析软件预测各组差异表达基因。结合 miRNA 靶
基因预测结果和转录组分析结果，发现在 2074B - Ⅰ vs 2074A - Ⅰ 分析中，共有 19 个蛋白
编码基因在转录组水平上的表达模式同其对应 miRNA 的表达模式具有相反的变化趋势。
同理，在 2074B - Ⅱ vs 2074A - Ⅱ 分析中，发现了 13 个蛋白编码基因在转录组测序和小
RNA 测序中表现出正相关性。miRNA 靶基因在转录组分析中呈现出与 miRNA 相反的表
达模式，间接证明靶基因可能是受到 miRNA 的负向调控而发生了表达模式的改变。

　　利用 Blast2GO 对靶基因进行 BLATX 比对注释，用 WEGO 软件对有注释的靶基因
进行后续分析。在 232 个靶基因中，共有 181 个基因注释到了 132 个 GO 条目。GO 注释
主要分为三大类，即生物过程、细胞组分、分子功能。其中生物过程又具体分为 14 个亚
类，富集基因最多的 3 个亚类分别是细胞过程、单组织过程、代谢过程；此外，靶基因在
生物调控、发育过程以及多细胞有机体过程中也有显著富集。细胞组分共拥有 11 个亚类，
其中富集基因最多的 2 个亚类为细胞组分、细胞。在分子功能中，富集基因最多的 2 个亚
类是结合、催化活性（图 4 - 5）。miR393 靶基因 *Gh _ A02G0164* 的富集在油菜素甾醇合
成和茉莉酸响应中，还对雄性发育和花器官原基分化具有重要作用；*Gh _ D11G0671* 在花
粉成熟、激素调节等过程显著富集。miR827a 靶基因 *Gh _ A01G1743* 编码 PPR 蛋白，GO
功能分析发现富集在线粒体 mRNA 修饰（GO：0080156），可能对育性调控具有重要作
用。*Gh _ A03G0274* 是 miRn25 的一个靶基因，编码 ARF10 蛋白，在花粉发育
（GO：0009555）、生长素信号转导（GO：0009734）、细胞分裂（GO：0051301）等过程
显著富集。miRn75 属于保守 miRNA 家族——miR172 家族的一员，靶基因 *Gh _
A03G0292*、*Gh _ A01G1867* 为 AP2 转录因子，分别参与细胞分化调控（GO：0051302）、
花器官分生组织生长调节（GO：0010080）等过程。

　　为进一步了解靶基因的功能，试验团队对 232 个蛋白编码基因与 KEGG 数据库进行
比对，比对结果显示这些基因主要富集在代谢、信号转导、环境信号响应等通路中。其中
miRn104、miRn113、miRn211 的共同靶基因 *Gh _ A08G2488* 参与病毒介导的细胞程序性
死亡，miR393、miRn39、miRn48、miRn76 的靶基因 *Gh _ D08G0477*、*Gh _ D08G0763*、
Gh _ D08G1288、*Gh _ A08G1014* 在植物激素信号转导通路中发挥重要作用。此外，
miRn104 的靶基因 *Gh _ D13G0911* 和 miRn17 的靶基因 *Gh _ D02G0121* 可以调节碳水化
合物的合成代谢。以上代谢通路在植物生殖生长过程中发挥关键作用（图 4 - 6）。此外，

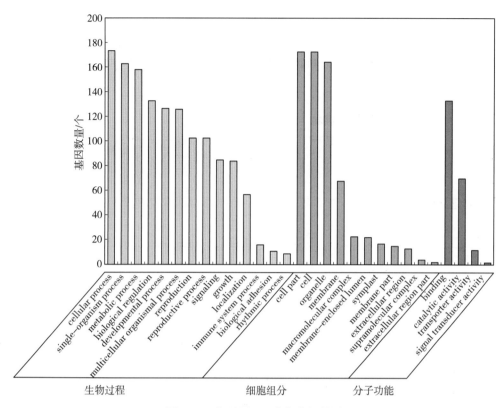

图 4-5 靶基因 GO 富集分析结果

cellular process：细胞过程 single-organism process：单组织过程 metabolic process：代谢过程 biological regulation：生物调控 developmental process：发育过程 multicellular organismal process：多细胞有机体过程 reproduction：生殖 reproductive process：生殖过程 signaling：信号 growth：生长 localization：定位 immune system process：免疫系统过程 biological adhesion：生物附贴 rhythmic process：节律过程 cell part：细胞组分 cell：细胞 organelle：器官 membrane：膜 macromolecular complex：大分子复合物 membrane-enclosed lumen：膜封闭通道 symplast：共质体 membrane part：膜组分 extracellular region：细胞外区域 supramolecular complex：超分子复合体 extracellular region part：胞外部分 binding：结合 catalytic activity：催化活性 transporter activity：转运活性 signal transducer activity：信号转换活性

miR827a 的靶基因主要参与半胱氨酸、蛋氨酸、赖氨酸合成代谢通路代谢；而 miRn75 的靶基因在真核生物核糖体的合成代谢过程中具有重要作用。

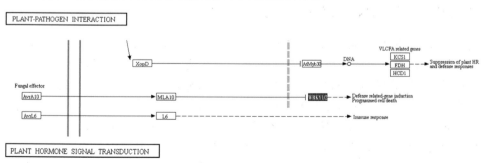

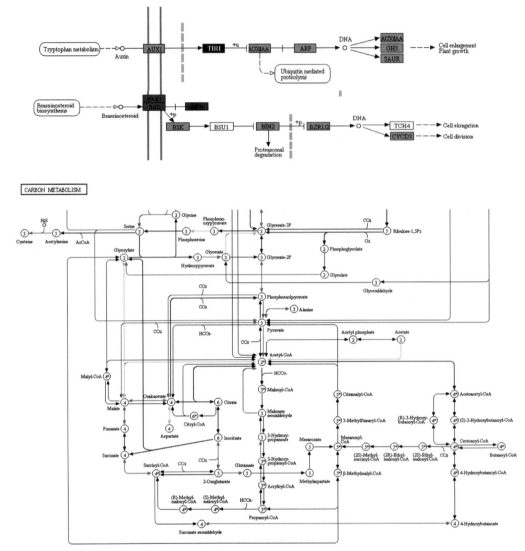

图 4 - 6　差异表达 miRNA 的靶基因参与代谢通路分析

BKI1 表示上调表达的靶基因；TIR1 表示下调表达的靶基因。

4.3.5　qRT - PCR 分析 miRNA 调控靶基因模式

当 miRNA 能够介导靶标蛋白编码基因转录本降解时，靶基因的表达模式应该与 miRNA 相反，两者呈负相关调控模式。为进一步评估 miRNA 与靶基因的相关性，试验团队选择了 12 个感兴趣的靶基因及其对应的 miRNA 进行 qRT - PCR 分析，结果如图 4 - 7 所示，miRNA 与对应靶基因呈负相关性表达，即 miRNA 高表达时，靶基因表达量降低。如 miRn75 与其靶基因 *AP2*，在 2074A - Ⅰ 中，miRn75 表达量最低，而 *AP2* 却在此样品中表达量最高，当 miRn75 在 2074B - Ⅱ 中表达量上升时，*AP2* 的表达量却降低了；miR827a 在 2074A - Ⅰ 中表达量较高，而在其他样品中几乎不表达，*PPR* 作为它的靶基因，在 2074A - Ⅰ 中的表达量却是最低的；miRn25 与其靶基因 *ARF10* 在 2074A - Ⅰ、2074A - Ⅱ、2074B - Ⅰ、2074B - Ⅱ 中，miRn25 呈现出先升高后降低又升高的趋势，而其靶基因 *ARF10* 表现为先降低后升高又降低的表达变化趋势。此外，miR393 与它的靶基因也呈负相关性表达，当 miR393 在 2074A - Ⅱ 中的表达量相对于 2074A - Ⅰ 降低时，其靶基因 *AFB2* 的表达量却呈上升趋势，当 miR393 在 2074B - Ⅱ 中表达量相对 2074A - Ⅱ 上

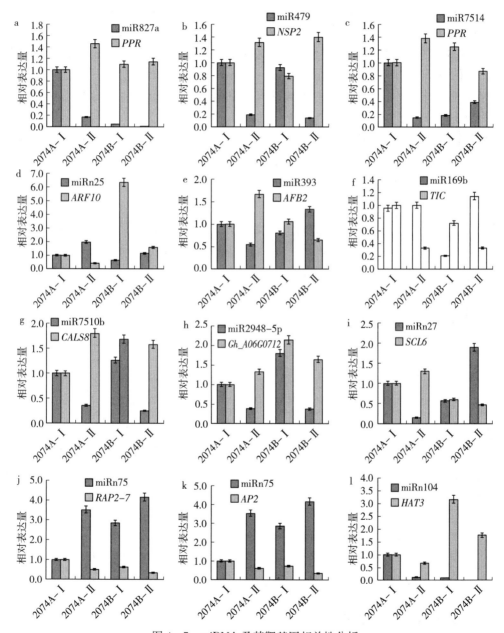

图 4 - 7　miRNA 及其靶基因相关性分析

不同颜色柱形图分别表示 miRNA 和对应靶基因在 4 个样本中的表达模式；内参基因选取陆地棉持家基因 *GhUBQ7* 进行相对表达量计算。

升时，其靶基因 *AFB2* 的表达量却降至最低。其他 miRNAs，如 miR169b、miR479、miRn27 等也与各自靶基因呈现出相反的表达模式，这些结果表明 miRNA 负向调控靶基因表达模式。

利用荧光定量 PCR 分析 miRNA 在不育系、保持系及 F_1 中的表达模式，结果如图 4-8 所示，miRNA 在不育系中的表达模式与在 F_1 中明显不同，这可能是由于 F_1 整合了恢复系的细胞核基因组，使得 miRNA 的表达模式发生改变。而这些 miRNAs 在 2074A-Ⅰ的表达量明显较高，通过对靶基因的调控，可能会影响育性变化。如 miR827a，其靶基因 *PPR* 在许多植物中已被证明与育性相关。在本试验中，2074A-Ⅰ miR827a 特异地高表达，而在保持系 2074B 及 F_1 中，miR827a 几乎不表达，这样的表达模式可能导致靶基因 *PPR* 在可育系中表达丰度升高，对植株雄蕊正常发育具有重要影响。miR393 正好呈现出相反的表达模式，在保持系 2074B 和 F_1-Ⅱ中的表达丰度均高于 2074A。miRn104 的靶基因 *Gh_D13G0911* 参与碳代谢过程，在 2074A-Ⅰ中，miRn104 的特异高表达可能会抑制 *Gh_D13G0911* 表达，影响碳水化合物正常代谢。

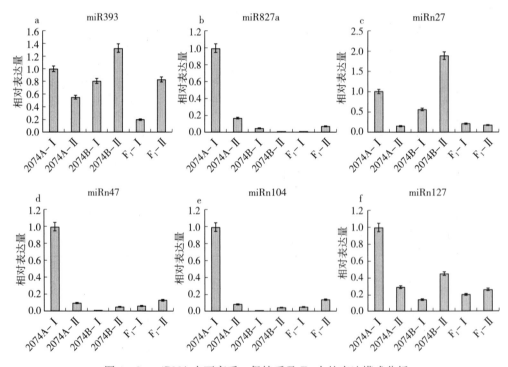

图 4-8　miRNA 在不育系、保持系及 F_1 中的表达模式分析

F_1：不育系和恢复系杂交产生的杂交种　　F_1-Ⅰ：杂交种孢原细胞期花蕾（花蕾横径为 0～1.5 mm）

F_1-Ⅱ：杂交种减数分裂期至双核期花蕾（花蕾横径为 1.5～9.0 mm）　　a～f：相对表达量

4.3.6　miRNA 调控育性模式

基于以上分析，利用 ccNET 及 cottonFGD 网站预测各靶基因及与靶基因互作基因的功能，总结出 miRNA 参与棉花细胞质雄性不育发生的调控机制。MIRn25 家族的 miR-

NA 在 2074A‑Ⅱ中表达量极显著地高于 2074A‑Ⅰ，而且在 2074A‑Ⅱ中的表达量也极显著高于 2074B‑Ⅱ。miRn25 参与调控靶基因 *ARF10* 的表达模式，*ARF10* 已在棉花中被证明通过调节生长素合成代谢参与植株育性调控[37]。MIR827/MIR7514 家族的 miRNA 在 2074A‑Ⅰ中特异高表达，而在其他时期和材料中表达量较低，靶基因 *PPR* 具有相反的表达模式。靶基因 *PPR* 已在多个物种中被证明可以通过改变线粒体基因的表达模式，进而抑制不育现象的发生[18]。此外，*TMTC1* 基因编码跨膜转运蛋白，可与靶基因 *PPR* 正向共表达，同时靶基因 *PPR* 与 *MYB* 转录因子负向共表达，这些基因间的相互作用，可能共同影响了多个功能基因的表达及作用模式。MIR172 的靶基因为 *AP2*，在大麦中沉默 *AP2* 可引起大麦内稃和外稃黏连在一起，导致花粉不能释放，出现雄性不育现象[182]。在本研究中，MIR172 家族的成员 miRn75 靶向 *Gh _ A01G1867*、*Gh _ A11G1795*、*Gh _ D10G0938*、*Gh _ A02G1495*、*Gh _ D03G0218* 等基因，这些基因大部分都编码 *AP2* 蛋白。miRn75 在不育系和保持系同一时期表达模式的改变，可能导致 *AP2* 蛋白丰度发生变化，进而影响雄性器官正常发育。MIR393 家族的 miRNA 参与调控靶基因 *AFB2*，这个靶基因参与细胞分化、转录调控、激素代谢和信号转导等多个生物学过程，已被证明可能参与植物提前开花以及小孢子和配子的形成[183]。除 *AFB2* 外，miR393 的大部分靶基因包括 *Gh _ A08G0390*、*Gh _ A08G0662*、*Gh _ A08G1014*、*Gh _ A11G1077*、*Gh _ D08G0477* 等参与植物激素信号转导通路。分析与这些靶基因正向共表达或负向共表达的基因，发现互作基因也参与调控植物开花及植物育性。综合以上分析结果，miRNA、miRNA 靶基因、互作基因间相互作用，共同参与调控棉花细胞质雄性不育的发生（图 4‑9）。

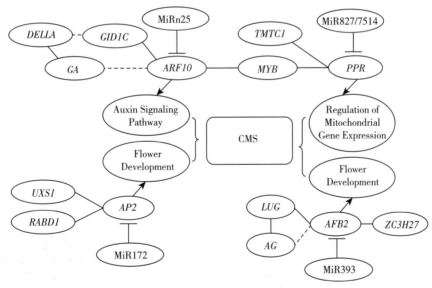

图 4‑9　miRNA 调控 CMS 发生模式图（参照彩图 3）

紫色椭圆框表示 miRNA 和它的靶基因；绿色椭圆框表示与靶基因共表达的基因；棕色椭圆框表示 CMS 发生相关的代谢通路；Auxin Signaling Pathway 表示生长素信号通路；Regulation of Mitochondrial Gene Expression 表示线粒体基因表达调控；Flower Development 表达花器官发育；红线表示两个基因正向共表达；蓝线表示两个基因负向共表达；虚线表示两个基因存在共表达的可能性。

4.3.7　miRNA 过表达载体构建及转化

根据以上分析结果，试验团队筛选得到了 4 个 miRNAs 作为参与育性调控的候选 miRNA，分别为 miR827a、miR393、miRn25、miRn75。其中 miR827a 靶向 *PPR* 基因、miRn25 靶向 *ARF10* 基因，这两个 miRNAs 在不育系中表达量较高。为进一步验证 miRNA 功能，试验团队扩增 miR827a 和 miRn25 的前体序列并连接在含有 CaMV 35S 组成型强启动子的 pCAMBIA3301 表达载体上，进行烟草遗传转化试验验证。采用叶盘法将植物过表达载体转入珊西烟草，具体流程如图 4 - 10 所示。

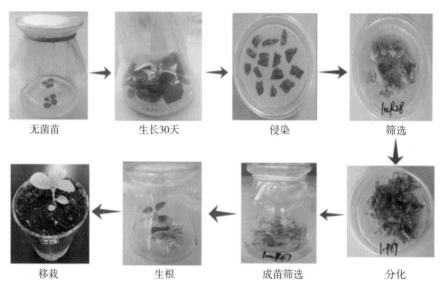

无菌苗　　　生长30天　　　侵染　　　筛选

移栽　　　生根　　　成苗筛选　　　分化

图 4 - 10　叶盘法转化烟草叶片流程图

4.3.8　转基因烟草鉴定及表型观察

烟草植株移栽到土中后，放入温室进行常规管理培养。待幼苗生长稳定后，取幼苗叶片提取 DNA，进行转基因分子检测。首先对拟转基因植株进行抗性基因 *bar* 分子检测，结果如图 4 - 11 所示，抗性基因长度约为 500 bp。从图中可以看出，在培养过程中经过草铵膦筛选后的烟草植株，大部分均含有抗性基因 *bar*。

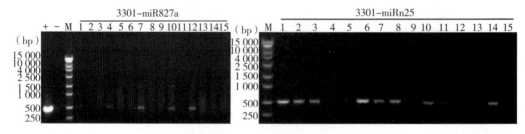

图 4 - 11　拟转基因植株抗性基因 *bar* 分子检测

　　＋为阳性对照，－为阴性对照，M 为 D15000 plus DNA Ladder；电泳图片上面的数字标注分别表示组培获得的烟草植株编号。

接下来对含有抗性基因 *bar* 的烟草幼苗植株进一步进行目的基因分子检测，包含 miR827a 前体序列的目的片段长度为 305 bp，包含 miRn25 前体序列的目的片段长度为 279 bp，对目的片段进行 PCR 检测，其结果如图 4 - 12 所示。从图中可以看出，已经成功得到了转化 3301 - miR827a 和 3301 - miRn25 的烟草植株。

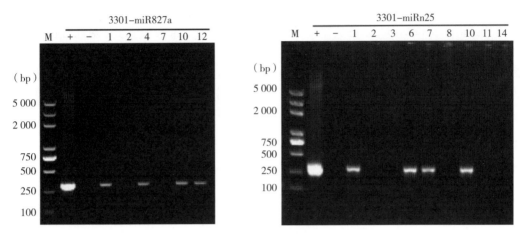

图 4 - 12　拟转基因植株目的基因分子检测

＋为阳性对照，－为阴性对照，M 为 D2000 plus DNA Ladder；电泳图片上面的数字标注分别表示组培获得的烟草植株编号。

观察转基因烟草植株表型，结果发现过表达 miRn25 的烟草生长受到抑制，植株茎节间缩短，呈现出成簇生长的状态（图 4 - 13a）。与对照植株相比，当转化空载体烟草分化形成生殖器官时（图 4 - 13c），过表达 miRn25 植株仍处于营养生长阶段（图 4 - 13b）。以上结果表明，miRn25 表达模式的改变不但影响烟草营养生长，而且影响烟草生殖生长。

图 4 - 13　超表达 miRn25 抑制烟草生长

a：营养生长对比　　b：miRn25 过表达植株生殖器官　　c：对照植株生殖器官

4.4 讨论

细胞质雄性不育主要是由于线粒体基因组与细胞核基因组不协调作用引起的，大量研究已经证明，线粒体基因在雄性不育发生过程中发挥着决定性的作用[3,15,184-185]，但是也有研究报道细胞核基因与细胞质雄性不育发生密切相关。全转录组水平对比分析哈克尼西棉细胞质（CMS-D₂）的不育系以及保持系和恢复系，发现在花蕾发育的小孢子细胞期到减数分裂期，三系材料中存在大量差异表达基因，该研究证明参与生长节律代谢通路调控的细胞核基因对细胞质雄性不育发生起重要作用[166]。miRNA 作为细胞核基因调控因子，可间接参与调控细胞质雄性不育。

4.4.1 miRNA 与棉花 CMS

miRNA 作为发挥重要调控作用的非编码 RNA，已经在小麦、拟南芥、玉米、柚子、胡萝卜、水稻等作物中证明参与调控细胞质雄性不育[81]。四倍体棉种 miRNA 研究落后于二倍体棉种，四倍体棉种中经过注释的 miRNA 仅有 81 个，其中陆地棉中 80 个，海岛棉中 1 个。部分已知 miRNA 序列在不同物种中比较保守，如 miR156、miR172、miR165、miR393 等。本研究以棉花不育系败育前期和败育关键时期花蕾为材料构建了两个小 RNA 库，分别与保持系相同时期花蕾构建的两个小 RNA 库进行对比分析。结果共鉴定到 77 个已知的 miRNAs，其中大部分在 4 个文库中都有表达，但是也有一小部分仅在个别材料个别发育时期可以检测到。miR156 属于保守 miRNA，在拟南芥中调控花器官发育和雄性不育发生，本试验中，miR156 仅仅存在于不育系和保持系减数分裂期到花粉双核期花蕾中，在两个材料孢原细胞期到花粉母细胞期花蕾中都没有检测到，说明 miR156 表达具有时空特异性。miR3476-3p 是棉花特有的 miRNA，在不育系花蕾中有较低的表达丰度，但在保持系中并不表达，试验团队通过 qRT-PCR 验证表达模式，发现 miR3476-3p 在不同样本中并没有显著差异。当新 miRNA 属于保守 miRNA 家族时，试验团队把这些 miRNAs 定义为新 miRNA 成员，在鉴定到的 256 个新 miRNAs 中，有 41 个属于 8 个保守的棉花 miRNA 家族，包括 MIR156、MIR166、MIR167、MIR172、MIR393、MIR396、MIR399、MIR482 家族。这些家族中的 miRNA 在大部分开花植物中保守性较强，而且 MIR156、MIR72、MIR396、MIR166、MIR167 已在不同物种中被证明参与调控花器官发育[186-187]。

所有鉴定得到的 333 个 miRNAs 中，有 71 个在不同材料相同时期或相同材料不同时期表达模式不同，其中包括 10 个保守的 miRNAs 和 61 个新 miRNAs。71 个差异表达的 miRNAs 共靶向 232 个蛋白编码基因，其中 32 个在转录组测序和 miRNA 测序中呈现出负相关表达模式，说明这些基因可能确实受 miRNA 调控。GO 注释和 KEGG 代谢通路分析发现，其中部分基因参与碳代谢、激素信号转导、病毒诱导的细胞程序性死亡等生物学过程。碳代谢是植物体内的基础代谢，为植株生长发育提供必要的物质基础，在雄性器官发育阶段花粉内小孢子形成过程中，植株需要大量的营养物质，如淀粉、氨基酸、蛋白质等[188]。植物雄性不育系代谢发生紊乱必然导致多种物质发生剧烈变化，前人研究表明，在植物雄性不育系、雄性不育保持系及雄性不育恢复系 3 个材料的花蕾发育阶段，还原糖、可溶性糖、淀粉的含量有着显著差别[189]。充足的物质和能量供应是植物雄性器官正常发育的必要条件，而碳代谢是各种物质和能量积累的源头保证，本研究中差异表达 miRNAs 靶基因参与碳代谢调节，可能导致不育系与保持系间物质积累发生变化，影响植株正常发育。CMS 发生与 CMS 基因产物造成线粒体异常，从而释放信号分子使细胞进入凋亡程序有密切关系[3]。材料间差异表达 miRNA 靶基因参与 PCD 代谢，可能导致细胞程序性死亡提前或者延后发生，对植物雄性器官正常生长发育造成影响。内源激素由植物细胞自身产生，在植物体调节生长发育、适应逆境等过程中发挥重要作用。目前，小麦、水稻及棉花等雄性不育系的研究表明，内源激素含量的变化对雄性不育发生具有重要影响[37,51]。生长素是植物体内最重要的一类内源激素，在植物雄性不育发生过程中，始终伴随生长素含量的变化，证明生长素在植物雄性不育发生过程中扮演重要角色。油菜素甾醇（BR）属于甾醇类激素中一个非常重要的成员，参与调控植物多方面的生长发育，被公认为植物第六大激素。大量研究表明，BR 在植物雄性器官发育方面发挥着不可替代的作用，BR 合成或信号转导有缺陷的植株，大多属于雄性不育株[42-46]。在本试验中，棉花雄性不育系与雄性不育保持系间差异表达 miRNAs 靶基因富集在激素信号转导通路中，重点参与生长素及 BR 信号转导调节，可能间接调控雄性不育现象的发生。

4.4.2 关键 miRNA 及其靶基因参与调控植物育性

ARF、MYB、AP2、RAP、PPR、AFB 基因家族的基因与植物开花或者生殖器官发育密切相关。其中 ARF10、ARF17、ARF18 可以响应植物生长素合成并通过调控基因表达模式调节花器官形成[190-191]。研究发现，ARF 基因与植物育性相关[192]。ARF10 属于生长素抑制因子，沉默 ARF10 表达会激活生长素信号转导，而超表达 ARF10 会抑制生长素信号转导。在棉花研究中证明，沉默 ARF10、ARF17 表达丰度激活了生长素信号转导通路，过量的生长素会导致花粉发育异常[37]。而在胡萝卜雄性不育研究中发现，ARF 基因表达量升高会使生长素含量降低，也导致植物雄性不育[83]。这一相反的结果说明过高或过低的生长素均影响花器官正常发育，而 ARF 基因在不同材料中表达丰度的变化，可间接引起雄性不育。本研究发现，一个新 miRNA——miRn25，通过 qRT - PCR 及生物信息学分析证明 miRn25 靶向 ARF10 基因，并可以负向调控 ARF10 的表达。miRn25 在不育系和保持系中差异表达，可能改变 ARF10 的表达模式，进而影响生长素合成代谢，导致两系间雄性器官发育不同。过表达 miRn25 的烟草植株，营养生长受到抑制，茎伸长明显滞后于对照植株，并呈现出成簇生长的趋势。此外，过表达 miRn25 的烟草植株，其生殖器官发育较慢，当对照植株分化出花器官时，转基因植株仍处于营养生长阶段。在烟草细胞系研究中，Campanoni 等证明生长素含量变化对烟草细胞生长具有重要影响[193]。此外，Leyser 也证实生长素可以在细胞的水平上影响细胞的分化、伸长和分裂，最终决定器官生长的快慢和大小[194]。生长素与花器官发育相关性研究证实，不同浓度的生长素含量会对雄蕊原基形成和雌性器官发育产生不同的影响，同样的结果也体现在杨传平等人的研究中[195-196]。生长素具有双重性已在多种作物中得到了验证，生长素在低浓度时可能不利于植物生长，但同时也能发挥其刺激作用促进植物生长，同理，在高浓度时，生长素也有抑制植物生长的效果[197]。基于以上研究，试验团队推测在烟草中过表达miRn25 可能会降低 ARF10 基因的表达丰度，而 ARF10 表达水平的降低会激活生长素信号转导，生长素水平上升会抑制烟草植株的茎和生殖器官发育。

AFB2 与细胞分裂、转录调控、激素代谢和信号转导相关，在提前开花的植物中参与花粉小孢子及配子的形成[182]。tir1 afb 突变体中，花粉成熟期相对于野生型材料有所提前，花粉在柱头还没有发育完成时就从花药中被释放出来，最终导致花期交错、授粉失败，引起植株不育[198]。棉花不育系中，低丰度的 miR393 导致 ABF 基因表达模式上调，可能推后花粉成熟期并最终引起雄性不育。PPR 基因可通过调控线粒体基因的表达模式参与育性恢复，在辣椒、水稻和油菜中都已得到证实[199-201]。此外，PPR 基因还可以与 MYB 转录因子相互作用，共同调节多个功能基因的转录活性，有研究报道 PPR 基因和 MYB 基因可以再加工产生相位小 RNA（phasiRNA）[201]，而相位小 RNA 在水稻雄性不育发生过程中扮演着重要角色[135]。miR827a 和 miR7514 靶向 PPR 基因，可能通过调节靶基因 PPR 的表达模式，进一步参与调控其他功能基因转录，最终影响植物雄性器官正常生长发育。

除 PPR、AFB 和 ARF 之外，RAP2-7、HAT3、WRKY、AP2 等基因也对植物雄性器官发育具有重要影响。此外，GA、DELLA、GID1C、AG、LUG、TMTC1 可以间接或直接地作用于 miRNA 靶基因，与 miRNA 协同调控 PPR、AFB、ARF 等基因的表达模式，最终调节植物育性。

Chapter 5

棉花细胞质雄性不育发生相关 lncRNAs 鉴定与功能验证

lncRNA 作为另一类具有调控功能的非编码 RNA，整体研究滞后于 miRNA，但已在多种作物中被证明参与调节植物抗逆性、花器官发育、形态构建、产量等性状。lncRNA 的作用机制多种多样，可通过改变蛋白质构象、影响蛋白质定位、调节蛋白质与蛋白质互作、控制蛋白质亚基的组装、作为前体序列产生 miRNA、作为 miRNA 的内源性靶标模拟物（eTM）等方式发挥作用[112-120]。在水稻、玉米、油菜等作物中已经证明 lncRNA 参与雄性器官育性调控[132-136]。本研究构建了 12 个 lncRNA 文库，旨在对比分析棉花细胞质雄性不育系与保持系间 lncRNA 表达模式差异，并对调控不育发生的候选 lncRNAs 进行功能分析和验证，为进一步从非编码 RNA 水平揭示细胞质雄性不育发生机制奠定基础。

5.1 试验材料

5.1.1 植物材料

（1）哈克尼西棉细胞质雄性不育系 2074A 败育前期（0<花蕾横径<1.5 mm）、败育关键时期（1.5<花蕾横径<9.0 mm）的花蕾，雄性不育保持系 2074B 与雄性不育系相对应同时期的花蕾，雄性不育恢复系 E5903 和杂交种 F_1（2074A×E5903）的花蕾，以上所有花蕾均去除苞叶、萼片、花瓣、胚珠；

（2）哈克尼西棉细胞质雄性不育系 2074A 和雄性不育保持系 2074B 不同组织材料，包括叶片、花蕾、花药、柱头、授粉后 10 天的种子等；

（3）本氏烟草（*Nicotina tabacum* cv. benthamiana），由实验室保存。

5.1.2 载体及菌株

（1）克隆载体 pMD18 - T，购于 TaKaRa 生物有限公司；

（2）植物表达载体 pCAMBI3301，由吉林大学植物科学学院原亚萍老师提供；

（3）VIGS 载体 CLCrV，由华中农业大学植物科学学院张献龙老师提供；

（4）干涉载体 pART27 和 pKANNIBAI，由本实验室保存；

（5）大肠杆菌菌株 DH5α，根癌农杆菌菌株 GV3101，均由实验室保存并制备感受态细胞。

5.2 试验方法

5.2.1 总 RNA 提取

具体操作步骤参见 4.2.1。

5.2.2 lncRNA 文库构建及数据分析

lncRNA 文库构建采用与 miRNA 相同的 RNA 样品，同样选取 4 个材料样品，每个样品设 3 次生物学重复，共构建 12 个文库。每个样品 RNA 总量为 1.5 μg，利用 Ribo-Zero rRNA Removal Kit（Epicentre，Madison，WI，USA）去除 rRNA 后，根据 NEB-NextR UltraTM Directional RNA Library Prep Kit（NEB，USA）说明书稍作修改后完成测序文库的构建，使用 Illumina 高通量测序平台获得双末端测序序列。

测序原始序列经加工后获得高质量片段，比对到陆地棉 TM－1 参考基因组后，利用 Cufflinks 和 Scripture 软件完成转录本拼接。转录本序列通过比对功能数据库，去除已知的功能片段，剩余的转录本用于 lncRNA 预测。本研究中同时使用了 CPC/CNCI/CPAT 3 种计算方法预测 lncRNA，只有转录本序列在 3 种方法下同时满足 lncRNA 预测标准，并且没有编码蛋白质的潜力，才被归结为真正的 lncRNA。由于 lncRNA 表达丰度较低，在本试验中只关注 FPKM ＞0.1 的 lncRNA 转录本序列。

差异表达 lncRNA 预测标准同 miRNA 相同，使用 Cuffdiff 完成。组织特异性表达分析参考 Hao 等的研究方法[104]。使用邻近法和互补配对法对 lncRNA 靶基因进行预测，认为 lncRNA 上下游 100 kb 内的蛋白编码基因受 lncRNA 调控。使用 LncTar 软件来预测 lncRNA 反式调控的靶基因[202]。

5.2.3 靶基因功能分析

靶基因功能分析的方法参见 4.2.3。

5.2.4 表达模式验证

5.2.4.1 lncRNA 荧光定量 PCR

lncRNA 表达量检测方法与蛋白编码基因相同，参见第 4.2.4.1。

5.2.4.2 半定量 PCR

lncRNA 组织特异性表达分析采用半定量 PCR 进行结果验证，首先根据生物信息学分析结果，选取表达量最高的组织 cDNA 模板进行半定量 PCR 平台期及最佳退火温度摸索。然后使用相同的 cDNA 模板浓度在同样的条件下进行半定量 PCR 试验。以陆地棉持家基因 GhUBQ7 为参照基因。

5.2.5 植物表达载体构建

5.2.5.1 植物过表达载体构建

植物过表达载体构建过程参考聂虎帅硕士学位论文[178]。

5.2.5.2　VIGS 载体构建及转化

VIGS 载体构建参考 Gu 等所述步骤[203]，目的片段长度在 498～509 bp。构建好的 VIGS 载体转入农杆菌菌株 GV3101，棉花植株生长 15 天左右时，利用注射器将农杆菌悬浮液从背面注入平展的子叶中，转化阳性对照 pCLCrVA－CHLI，转化空 pCLCrVA 载体作为阴性对照，28℃，8h/16h 光暗周期培养。

5.2.5.3　干涉载体构建

干涉载体构建方法参考裴艳铮硕士学位论文[204]，载体目的片段长度在 300～500 bp。

5.2.6　叶盘法转化烟草

叶盘法转化烟草的方法参见 4.2.6。

5.3　结果与分析

5.3.1　全基因组鉴定陆地棉 lncRNA

利用第二代高通量测序技术对陆地棉 12 个 lncRNA 文库进行测序，将 clean data 比对到陆地棉参考基因组（TM－1），并利用 Cufflinks 程序将 Mapped Reads 进行转录本拼接。转录本序列与蛋白编码基因比对，去除与蛋白编码基因有重叠的转录本序列，并去除转录本小于 200 bp 的序列。利用 Cuffcompare 对组装的转录本进行注释，未注释到的转录本进行下一步 lncRNA 的预测。由于只含有一个外显子的转录本序列存在拼接错误的概率较大，所以本试验只选择外显子个数 ≥ 2 的转录本进行下一步研究。符合以上条件的转录本序列利用 CPC、CNCI、CPAT 网站进行蛋白编码能力预测，只保留这 3 个网站的预测结果均小于 0 的转录本；这些转录本再次使用 pfam 网站进行蛋白编码潜力的排除。经过以上条件筛选，共得到 4 037 条转录本序列符合 lncRNA 特征；排除表达量较低（*FPKM*<0.1）的序列后，最终本试验中共预测到 3 855 个可信度较高的 lncRNAs（图 5－1）。

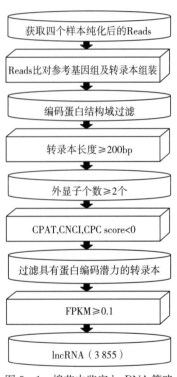

图 5－1　棉花中鉴定 lncRNA 策略

5.3.2　陆地棉 lncRNA 特性分析

本试验 3 855 个 lncRNAs 中包括 264 个 antisence-lncRNAs，3 288 个 lincRNAs、303 个 intronic-lncRNAs（图 5 - 2a）。对比分析 lncRNA 与蛋白编码基因序列发现，lncRNA 转录本长度相对于 mRNA 较短，antisence-lncRNA 转录本平均长度为 1 451 bp，lincRNA 转录本的平均长度为 1 310 bp，intronic-lncRNA 转录本的平均长度为 1 084 bp，而 mRNA 转录本的平均长度达到 2 030 bp，明显长于 3 种类型的 lncRNA（图 5 - 2b）。大部

分 lncRNAs 都含有较少数量的外显子，主要集中在包含 2～7 个外显子的范围内，一般都只包含 1～2 个外显子；而 mRNA 大部分由较多个外显子组成，最多的达到 79 个外显子。虽然 mRNA 转录本平均长度长于 lncRNA，但是由于所包含外显子个数普遍较多，所以 mRNA 单个外显子的长度明显小于 lncRNA（图 5 - 2c）。mRNA 外显子的平均长度只有 235 bp，而 antisence-lncRNA、lincRNA、intronic-lncRNA 外显子的平均长度分别达到了 480 bp、436 bp、418 bp，均显著高于 mRNA。

mRNA 与 lncRNA 表达丰度变化都可以影响功能发挥，蛋白编码基因在植物生长发育中发挥主要调控作用，表达水平相对于非编码 RNA 普遍较高，而这 3 种类型 lncRNA 的表达量基本一致（图 5 - 2d）。这与前人在拟南芥和水稻中的研究结果相似，证明这一特性在 lncRNA 中普遍存在[105-106,108-109]。陆地棉为四倍体物种，为了研究 lncRNA 在各染色体的分布情况，试验团队将 3 种类型的 lncRNA，以及 mRNA、miRNA 分别定位在各染色体中。如图 5 - 2e 所示，最内圈（Ⅰ）为陆地棉的 26 条染色体，矩形长度表示染色体的大小；第二圈（Ⅱ）为 miRNA 在染色体中的分布；第三圈（Ⅲ）为 lincRNA 在染色体中的分布情况；第四圈（Ⅳ）为 intronic-lncRNA 在染色体上的分布；第五圈（Ⅴ）为 antisence-lncRNA 在染色体中的分布；最外圈（Ⅵ）为蛋白编码基因在各染色体上的分布。从图 5 - 2e 可以看出，miRNA 和 mRNA 在染色体的两端位置分布较多，中间位置分布较少；3 种类型的 lncRNA 在染色体的各个位置均匀分布，且在各染色体中分布数量比例相近。

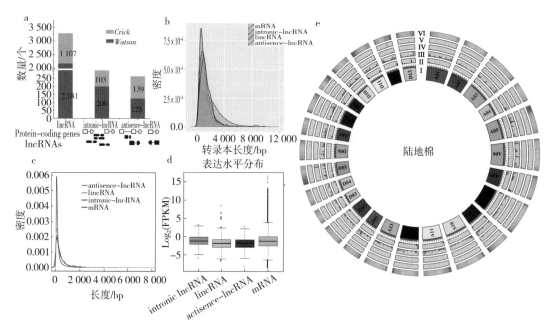

图 5 - 2 lncRNA 特性

a：lncRNA 分类　b：lncRNA 及 mRNA 转录本长度分布　c：lncRNA 及 mRNA 转录本外显子长度分布

d：表达丰度分析　e：lncRNA（Ⅲ-Ⅴ）、mRNA（Ⅵ）及 miRNA（Ⅱ）染色体分布

5.3.3 lncRNA 保守性分析

前人研究证明，lncRNA 相对于 miRNA 及蛋白编码基因在不同物种中保守性较低。本研究中，试验团队将陆地棉预测得到的 3 855 个 lncRNAs 与其他 3 个代表性棉种的基因组序列进行比对，这 3 个棉种分别为已完成基因组序列释放的亚洲棉（*G. arboreum*）、雷蒙德氏棉（*G. raimondii*）、海岛棉（*G. barbadense*）。比对结果通过覆盖率和相似度判断 lncRNA 在 4 个棉种中的保守性，分析结果如图 5-3 所示，陆地棉 3 855 个 lncRNAs 在海岛棉和雷蒙德氏棉中保守性较高，保守存在的 lncRNA 分别达到了 3 512 个和 3 638 个。而在陆地棉和亚洲棉中，保守存在的 lncRNA 仅有 1 550 个，远远少于海岛棉和雷蒙德氏棉。这一结果表明陆地棉四倍体种在接受了亚洲棉二倍体种的基因组后，发生了基因组重排和自身的进化编辑，一些功能基因或者碱基序列发生改变，进而使得序列的保守性降低；而陆地棉在接受雷蒙德氏棉基因组后，重排编辑较少，所以基因组序列保守性较高[157,205]。除了不同棉种间的比较外，试验团队选取了单子叶和双子叶模式植物以及棉花亲缘关系较近的物种，进行 lncRNA 保守性分析；由于人类的 lncRNA 研究比较透彻，所以也用来做参照分析。分析以相似性在 80% 以上的序列作为标准，由图 5-3 可以看出，

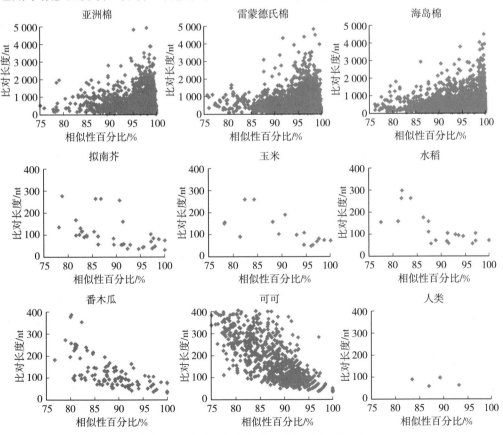

图 5-3 lncRNA 在各物种中的保守性分析

E value<1.0E-5

陆地棉中预测得到的 3 855 个 lncRNAs 在拟南芥（*Arabidopsis thaliana*）、玉米（*Iea mays*）、水稻（*Oryza satira*）中保守性较低，保守存在的 lncRNA 分别只有 57 个、31 个、29 个，证明棉花与拟南芥、玉米、水稻的亲缘关系较远，基因组序列差异较大。而在前人研究已经证明的与棉花亲缘关系较近的可可（*Theobroma cacao*）和番木瓜（*Carica papaya*）中，保守存在的 lncRNA 也仅有不到 1 200 个，这一结果说明 lncRNA 在不同物种中的保守性确实很低。棉花 lncRNA 与人类基因组比对结果显示，只有几个 lncRNAs 在两个物种中保守存在，说明棉花与人类亲缘关系较远，进化完全不在一个分支。

5.3.4 lncRNA 组织特异性表达分析

本研究在棉花花蕾中共鉴定得到 3 855 个 lncRNAs，为了筛选与雄性生殖器官发育相关的 lncRNA，试验团队对这些 lncRNAs 进行了组织特异性表达分析。从 NCBI 公共数据库下载获得陆地棉不同组织及发育时期的全转录组测序数据，包括叶片，花瓣，授粉完成后 10 天及 20 天的纤维，授粉完成后 10 天、20 天、30 天及 40 天的种子，以及授粉后 0 天和 3 天的胚珠（附录 B）。利用 Tophat 及 Cuffdiff 软件，将本试验中预测得到的 3 855 个 lncRNAs 分别比对到样本测序序列上，进行特定 lncRNA *FPKM* 值的计算。参照以下公式，判断 lncRNA 是否具有组织特异性表达模式：

$$TSI\ (\text{tissue-specific index})=\frac{\sum\limits_{i=1}^{n}(1-exp_i/exp_{\max})}{n-1}$$

公式中，exp_i 表示每个 lncRNA 在各样本中的表达量（*FPKM* 值），n 代表样本的总数，$exp_{\max}$ 表示每个 lncRNA 在各样本中表达量的最大值，*TSI* 为组织特异性表达指数，当 $TSI \geqslant 0.9$ 时，认为该 lncRNA 为组织特异性表达 lncRNA。

在分析过程中，花蕾组织 lncRNA 分别使用了不育系两个时期以及保持系两个时期的 *FPKM* 值，与其他组织进行对比，取两组对比实验的并集作为预测的初步结果。接下来，对 $TSI \geqslant 0.9$ 的 lncRNA 进一步筛选，选择 $exp_{\max}$ 值 $\geqslant 0.5$ 的 lncRNA 作为最终组织特异表达的 lncRNA。本试验预测得到的 3 855 个 lncRNAs 中，有 3 548 个 lncRNAs 在各个组织中均有表达，而且 $TSI < 0.9$，没有表现出组织特异的特性。剩余 307 个 lncRNAs 为组织特异性表达 lncRNA，其中，孢原细胞期至花粉母细胞期花蕾以及减数分裂至花粉双核期花蕾的组织中分别有 74 个和 49 个特异表达的 lncRNAs，花瓣特异表达的有 76 个，叶片特异表达的有 39 个，各发育时期种子中特异表达的 lncRNA 有 57 个，纤维组织中特异表达的 lncRNA 有 12 个，而在胚珠中没有发现特异表达的 lncRNA（图 5 - 4a）。选取各个组织中特异表达的 lncRNA，以 *FPKM* 值做热图，从图 5 - 4b 中可以明显地发现在某个特定组织中特异表达的 lncRNA，在其他组织中表达量都很低或者完全不表达。例如，*TCONS_00473367* 在保持系减数分裂期至双核期的花蕾中特异高表达，在其他组织中表达量都很低。

为了筛选与雄性不育发生相关的 lncRNA，试验团队着重关注了在生殖器官中特异表达的 lncRNA，并对这些 lncRNAs 进行后续分析。本研究分别使用半定量 PCR 及 qRT-PCR 验证 lncRNA 组织特异表达的可靠性，结果如图 5 - 4c 所示，图中柱形图为 qRT-PCR 分析结果，琼脂糖凝胶电泳图为半定量 PCR 分析结果，热图为转录组测序数

据 *FPKM* 值聚类结果。*TCONS_00473367* 和 *TCONS_00501723* 分别为减数分裂至花粉双核期花蕾和叶片组织中特异表达的 lncRNA，而 *TCONS_00355496* 和 *TCONS_00004950* 为孢原细胞到花粉母细胞期花蕾组织特异表达的 lncRNA。从图中可以看出，荧光定量 PCR、半定量 PCR 结果及转录组预测结果，均显示这些 lncRNAs 在对应组织中有较高的表达量，而在其他组织中表达丰度很低。以上结果证明转录组测序和生物信息学预测结果可靠，这些 lncRNAs 确实存在组织特异性表达。

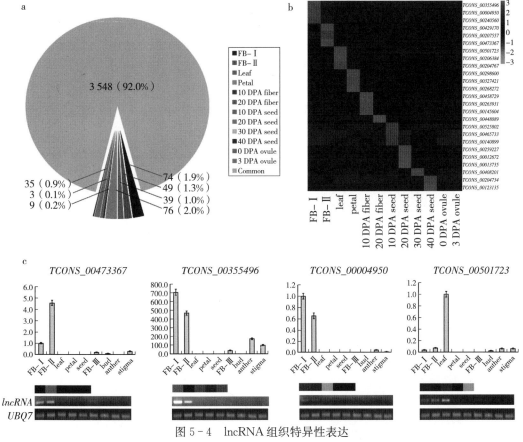

图 5-4 lncRNA 组织特异性表达

a：不同组织中组织特异表达 lncRNAs 所占比例 b：组织特异表达 lncRNAs 热图 c：qRT-PCR 和半定量 PCR 验证 lncRNAs 组织特异性 FB-I：败育前期花蕾 FB-II：败育发生关键时期花蕾 leaf：叶片 petal：花瓣 10 DPA fiber：授粉完成后 10 天纤维 20 DPA fiber：授粉完成后 20 天纤维 10 DPA seed：授粉完成后 10 天种子 20 DPA seed：授粉完成后 20 天种子 30 DPA seed：授粉完成后 30 天种子 40 DPA seed：授粉完成后 40 天种子 0 DPA ovule：授粉当天胚珠 3 DPA ovule：授粉完成 3 天后胚珠 seed：种子 bud：花蕾 anther：花药 stigma：柱头

5.3.5 lncRNA 差异表达模式分析

在 2074A-I 和 2074A-II，预测到 29 个差异表达的 lncRNAs，其中在 2074A-II 上调表达的有 12 个，下调表达的有 17 个；在 2074A-I 与 2074B-I 的花蕾对比分析中，发现共有 119 个 lncRNAs 表达模式存在差异，其中在保持系中上调表达的 lncRNAs 有 86

个，不育系中上调表达的有 33 个；对比分析 2074A-Ⅱ与 2074B-Ⅱ的花蕾中 lncRNA 的表达模式，发现了 77 个差异表达的 lncRNAs，其中在 2074A-Ⅱ呈下调表达模式的有 57 个，呈上调表达模式的有 20 个。综合以上结果，去除在不同组样本对比中共同存在的 lncRNA，本研究共预测得到了 187 个差异表达 lncRNAs（图 5-5a）。

为了验证转录组测序结果的可靠性以及 lncRNA 差异表达模式的真实性，随机选取了 16 个 lncRNAs 进行 qRT-PCR 表达量分析，结果如图 5-5b 所示。转录组测序分析结果与 qRT-PCR 分析结果相关性分析的决定系数（R^2）达到 0.770 8，证明两者结果相关性较高，转录组测序结果可靠且这些 lncRNAs 在不同材料中确实存在不同的表达模式。

结合前期预测得到的 123 个花蕾特异表达 lncRNAs，在本试验中，花蕾特异表达且在不育系与保持系不同样本间具有差异表达模式的 lncRNAs 共有 63 个（图 5-5c）。其中 $FPKM \geqslant 10$ 的有 16 个，由于 lncRNA 的表达丰度普遍较低，所以在后续研究中，试验团队重点关注这 16 个表达水平较高且具有组织特异性和差异表达模式的 lncRNAs。

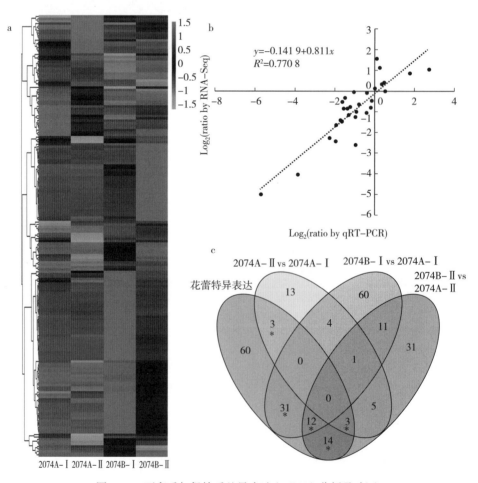

图 5-5　不育系与保持系差异表达 lncRNA 分析及验证

a：差异表达 lncRNAs 热图　b：lncRNA 表达模式在转录组测序与 qRT-PCR 结果的相关性分析

c：组织特异表达与差异表达 lncRNAs 维恩图

5.3.6 miRNA 与 lncRNA 相互作用的预测与验证

lncRNA 可以作为 miRNA 的 eTM，调节 miRNA 的作用模式，进一步调控 miRNA 固有靶基因的表达模式。eTM 通过与 miRNA 互补配对，在 miRNA 种子区域 5′ 端的 9～12 位碱基处形成 3 个核苷酸凸起，这样就避免了 miRNA 对 eTM 的切割，使 miRNA 能够长期与 eTM 结合，阻止了 miRNA 作用于固有的靶基因。在本研究中，发现 23 个 lncRNAs 可以作为 eTM 调控 18 个 miRNAs 的作用模式，尽管 miRNA 在不同样本中表达模式有所改变，但是 eTM 的存在使得 miRNA 固有靶基因的表达丰度并没有出现显著性变化（图 5-6）。例如，miR827a 在 2074B-Ⅱ 中表达量明显低于 2074A-Ⅱ，正常情况下，miR827a 的靶基因 Gh_A07G2141 和 Gh_D07G2353 表达模式都应该发生显著的上调，但是由于 eTM TCONS_00091798 的存在，使得 miR827a 并没有作用于这两个蛋白编码基因，所以这两个蛋白编码基因的表达模式没有随着 miR827a 表达模式的变化而变化（图 5-7b）。这一结果说明 lncRNA 作为 eTM 可以抑制 miRNA 对蛋白编码基因的负向调控。

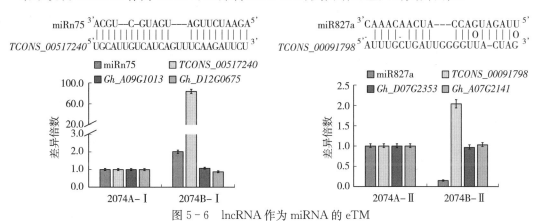

图 5-6 lncRNA 作为 miRNA 的 eTM

eTM 作为调节 miRNA 及其靶基因表达模式的重要物质，得到了广泛关注；在本试验中，TCONS_00517240 作为 miRn75 的 eTM，可能参与 miRn75 及其靶基因表达模式调控，而 miRn75 在 miRNA 数据分析中已经证明可以靶向 AP2 家族基因，可能与植物开花相关。TCONS_00517240 在不育系各时期表达量均较低，在保持系花蕾孢原细胞至花粉母细胞期表达量极显著升高。同理，TCONS_00091798 作为 miR827a 的 eTM，可能参与 miR827a 固有靶基因表达模式的调控。miR827a 在不育系败育前期表达量较高，靶基因 PPR 家族成员参与雄性不育系的育性恢复。TCONS_00091798 在不育系和保持系不同样本中，呈现出差异的表达模式，也可能参与育性调控。

为了验证 TCONS_00517240 和 TCONS_00091798 是否真正作为 eTM 调控 miR-NA 的作用模式，试验团队分别构建了 TCONS_00517240 和 TCONS_00091798 过表达载体。分析发现棉花 miRn75 和 miR827a 在烟草中保守存在，且靶基因蛋白序列相似性在两个物种中也超过 85%。利用子叶注射法将构建好的过表达载体瞬时转化到烟草叶片，检测 miRNA 及其靶基因表达模式变化情况。从图 5-7b 可以看出，瞬时转化过表达载体 2 天后的烟草叶片中，TCONS_00517240 和 TCONS_00091798 表达量极显著升高，而

miRn75 和 miR827a 固有靶基因表达模式也有显著或极显著的提高（图 5 - 7）。表明过表达 *TCONS _ 00517240* 和 *TCONS _ 00091798* 分别结合了 miRn75 和 miR827a，使得 miRn75 和 miR827a 不能负向调控其固有的靶基因，导致靶基因表达量相对于转空载体对照植株有所上升。

综上所述，*TCONS _ 00517240* 和 *TCONS _ 00091798* 在不同转化子中差异表达，且可以作为 eTM 调控与育性相关的两个 miRNAs 作用模式，所以推测 *TCONS _ 00517240* 和 *TCONS _ 00091798* 可能间接参与雄性不育。

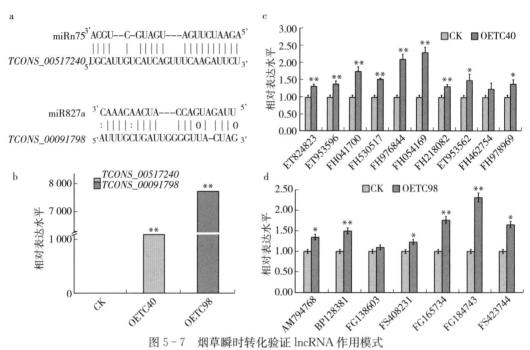

图 5 - 7　烟草瞬时转化验证 lncRNA 作用模式

a：miRNA 与 lncRNA 碱基互补配对关系　b：瞬时转化过表达载体 2 天后烟草中 lncRNA 的相对表达量　c～d：烟草中 miRNA 固有靶基因表达模式分析　＊表示水平显著（$P<0.05$）　＊＊表示水平极显著（$P<0.01$）

5.3.7　差异表达 lncRNA 靶基因功能分析及候选 lncRNA 确定

lncRNA 与 miRNA 一样，都通过与蛋白编码基因互作发挥功能。lncRNA 靶基因多数为临近的功能基因（上下游 100 kb 以内），也有少数为反式作用的靶基因。在本研究中，187 个具有差异表达模式的 lncRNAs 一共预测得到了 1 643 个靶基因。与 miRNA 不同的是，lncRNA 对靶基因的调控模式多种多样，既可促进靶基因表达，也可以抑制靶基因表达。为了进一步确定参与育性调控候选 lncRNA 的作用机制，试验团队对靶基因功能进行了分析，通过 NCBI 比对分析，发现 lncRNA 靶基因主要编码一些激素信号转导蛋白、过氧化物酶蛋白、细胞凋亡相关蛋白等。GO 功能富集分析发现部分基因参与细胞程序性死亡（PCD）、活性氧（ROS）代谢调节、生长素及其他激素信号转导调控、过氧化物分解代谢、花粉细胞外壁形成、绒毡层细胞分化、细胞氧化还原代谢等生物学过程（图 5 - 8a）。KEGG 代谢通路富集分析发现这些基因大多参与了植物信号转导、过氧化物代谢、物质能量转运等通路。例如 *TCONS_00240560*、*TCONS_00425479*、*TCONS_00486928* 靶基因分别参与了激素介导的信号转导、花粉发育以及花絮发育等生物学过程；*TCONS_00165151*、*TCONS_00473367* 靶基因参与了花粉外壁细胞的形成，这些生物学过程已被证明在雄性器官发育过程中发挥着关键作用。

花蕾组织特异表达且在不育系和保持系表达模式不同的 63 个 lncRNAs 中，*FPKM*≥10 的有 16 个，其中 *TCONS_00210926* 只有一个靶基因，且功能不明确；*TCONS_00429170* 虽然表达量较高，*FPKM* 值超过 9 000，但是在测序的 3 次生物学重复中，重复性较差，结果可信度不高；*TCONS_00166801* 和 *TCONS_00498416* 的靶基因主要参与病害胁迫响应及叶绿体、核糖体结构构建，与雄性不育发生关系较小；而 *TCONS_00447490* 靶基因虽然参与花粉管形成以及氧化胁迫响应，但是 qRT-PCR 检测表达模式的结果与转录组测序结果不一致。排除以上 5 个不符合要求的 lncRNAs，剩余 11 个 lncRNAs 包括 *TCONS_00011135*、*TCONS_00147854*、*TCONS_00165151*、*TCONS_00205285*、*TCONS_00207557*、*TCONS_00342680*、*TCONS_00367601*、*TCONS_00355496*、*TCONS_00473367*、*TCONS_00425479*、*TCONS_00486928*，既有较高的表达丰度，又是花蕾组织中特异高表达的 lncRNAs，而且经过分析，它们的靶基因大多参与花粉外壁细胞形成、激素介导的信号转导、细胞氧化还原平衡、三羧酸循环、花药发育等生物学过程（图 5-8），这 11 个 lncRNAs 作为雄性不育发生候选 lncRNAs，进行后续功能验证。

TCONS_00327421 在转录组测序结果显示为花瓣特异表达的 lncRNA，但是在 qRT-PCR 及半定量 PCR 验证中，发现其在花药中表达量也较高，而且转录组测序结果证明 *TCONS_00327421* 在 2074A 花蕾中的表达量超过了 50。*TCONS_00327421* 的靶基因 *Gh_D05G3438* 和 *Gh_D05G3441* 分别为 *PPR* 基因和 *KDSB* 基因，*PPR* 已在多种植物中被证明与细胞质雄性不育相关，而 *KDSB* 编码的 3-脱氧甘露醇甲基吡啶转移酶蛋白，参与花粉生长发育和细胞壁组装，可能在育性调控方面发挥重要作用[206]。所以 *TCONS_00327421* 也作为候选 lncRNA 进行功能验证。

上文提到 *TCONS_00517240* 和 *TCONS_00091798* 可分别作为 miRn75 和 miR827a 的 eTM 调节 miRNA 及其靶基因的作用模式。*TCONS_00517240* 的靶基因 *Gh_D13G0671*、*Gh_D13G0668*、*Gh_D13G0669* 参与细胞程序性死亡、活性氧调节、激素代谢等过程，这些生物学过程与雄性不育发生密切相关，所以推测 *TCONS_00517240* 既可通过调节 miRn75 的表达模式发挥功能，又可以影响蛋白编码基因的作用模式参与调节重要的生物学过程。同理，*TCONS_00091798* 作为 miR827a 的 eTM，可以调节 miR827a 的作用模式。同时 *TCONS_00091798* 在保持系与不育系中呈现不同的表达模式，靶基因参与氧化胁迫响应（图 5-8a）。所以我们将 *TCONS_00517240*、*TCONS_00091798* 作为参与雄性不育发生的候选 lncRNAs，与 miRn75、miR827a 一起进行转基因功能验证。

此外，*TCONS_00240560*、*TCONS_00418915* 虽然表达量不高，但是在花蕾组织中特异表达，而且 *TCONS_00418915* 在保持系中几乎不表达（图 5-8b），靶向的蛋白编码基因分别参与细胞氧化还原平衡和生长素信号转导，可能在雄性器官发育过程中扮演重要角色。综合以上分析结果，试验团队共筛选得到了 16 个 lncRNAs 作为雄性不育发生候选 lncRNA 进行后续功能验证（图 5-8b）。

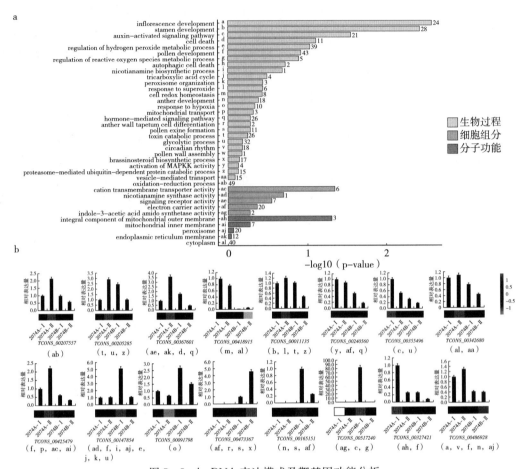

图 5-8　lncRNA 表达模式及靶基因功能分析

a：候选 lncRNA 靶基因功能富集分析，字母 a～al 分别代表不同的 GO 富集条目　b：候选 lncRNA 在不育系及保持系各时期表达模式，其中柱形图为 qRT-PCR 检测结果，热图为转录组测序结果，括号中的字母代表该 lncRNA 靶基因所参与的功能注释　inflorescence development：花穗发育　stamen development：雄蕊发育　auxin-activated signaling pathway：生长素激活信号通路　cell death：细胞死亡　regulation of hydrogen peroxide metabolic process：过氧化氢代谢过程的调节　pollen development：花粉发育　regulation of reactive oxygen species metabolic process：活性氧代谢过程的调控　autophagic cell death：细胞自吞噬死亡　nicotianamine biosynthetic process：烟胺生物合成过程　tricarboxylic acid cycle：三羧酸循环　peroxisome organization：过氧物酶体组织　response to superoxide：超氧化物响应　cell redox homeostasis：细胞氧化还原稳态　anther development：花药发育　response to hypoxia：氧胁迫响应　mitochondrial transport：线粒体转运　hormone-mediated signaling pathway：激素介导的信号通路　anther wall tapetum cell differentiation：花药壁绒毡层细胞分化　pollen exine formation：花粉壁绒细胞形成　toxin catabolic process：毒素分解代谢过程　glycolytic process：糖酵解过程　circadian rhythm：生物节律　pollen wall assembly：花粉壁组装　brassinosteroid biosynthetic process：油菜素甾醇合成过程　activation of MAPKK activity：MAPKK 激活活性　proteasome-mediated ubiquitin-dependent protein catabolic process：蛋白酶体介导的泛素依赖蛋白分解代谢过程　vesicle-mediated transport：囊泡介导转运　oxidation-reduction process：氧化还原过程　cation transmembrane transporter activity：阳离子跨膜转运蛋白活性　nicotianamine synthase activity：烟胺合成酶活性　signaling receptor activity：信号受体活性　electron carrier activity：电子载流子活性　indole-3-acetic acid amido synthetase activity：3-吲哚乙酸氨基合成酶活性　integral component of mitochondrial outer membrane：线粒体外膜的组成部分　mitochondrial inner membrane：线粒体内膜　peroxisome：过氧化物酶体　endoplasmic reticulum membrane：内质网膜　cytoplasm：细胞质

5.3.8　候选 lncRNA 载体构建及遗传转化

本试验共成功构建了 13 个 lncRNA 过表达载体以及 13 个 lncRNA VIGS 载体。成功构建的过表达载体通过冻融法转化根癌农杆菌菌株 GV3101 后，利用叶盘法将植物过表达载体及空载体转化烟草，利用子叶注射法将 VIGS 载体转化棉花，分别转化 pCAMBIA3301 和 VIGSA 空载体作为阴性对照，转化 VIGSA – CHLI 载体作为 VIGS 转化的阳性对照。

5.3.8.1　棉花植株中沉默 *TCONS _ 00473367* 影响植株育性

成功构建的植物过表达载体及 VIGS 载体分别转化烟草和棉花后，待植株发育到生殖生长期，观察植株花器官特别是雄性花器官的表型。

棉花保持系 2074B 子叶平展后注射 VIGS – lncR67，在盛花期发现有 1/3（4/12）转化株的花器官表现出育性降低或者不育，而营养器官生长均无异常现象产生。注射 VIGSA 空载体的棉花花器官生长正常，而且完全可育（图 5 – 9a～c）。在 4 株花器官异常的棉花植株中，有两株的花器官表现出花药干瘪，并且在散粉期不能有效释放花粉粒

图 5 – 9　注射 VIGS-lncR67 植株表型（参照彩图 4）

a，d，g：对照与转基因植株盛花期花朵　b，e，h：花药　c，f，i：花粉活力检测

（图 5 - 9d、图 5 - 9e），将花药捣碎后，进行花粉 I_2 - KI 染色，显微镜观察显示该植株花粉粒相对于对照植株呈不规则形状，而且着色较浅（图 5 - 9f）；另外两株植株部分的花药表现出正常生长状态，在散粉高峰期有花粉粒散出（图 5 - 9g），但是约 1/4 花药呈现干枯、致死状态（干枯花药数/总花药数为 23/83，致死花药数/总花药数为 18/71）（图 5 - 9h），将干枯、致死花药捣碎后进行花粉 I_2 - KI 染色，发现该花药中仅存在有限的可育花粉粒，与对照相比，可育花粉粒数量大大降低（图 5 - 9i）。以上结果表明，注射 VIGS - lncR67 后，棉花植株营养生长和雌性器官没有受到影响，但是雄性器官出现不育或者半不育的表型，导致植株育性降低。

为了验证不育表型是否真正由于注射 VIGS - lncR67 所致，试验团队对注射 VIGS - lncR67 和 VIGSA 空载体棉花植株花蕾中 lncR67 及其靶基因的表达模式进行了检测，结果如图 5 - 10 所示。在注射 VIGS - lncR67 载体后，棉花植株花蕾中 lncR67 的表达模式极显著降低，表达量仅为注射 VIGSA 空载体植株花蕾的 1/3 左右。而 lncR67 对应的 13 个靶基因中，有 9 个基因的表达模式发生了显著或极显著的变化，说明 lncR67 的表达模式改变，调控了相应靶基因的表达模式，而靶基因表达模式的变化，可能造成花蕾物质或能量代谢紊乱，最终导致植株育性降低。以上结果表明，注射 VIGS - lncR67 对 lncR67 表达丰度的沉默效率较高，而且 lncR67 可能通过调控蛋白编码基因的表达模式影响棉花植株雄性器官的正常生长发育，最终导致不育或半不育的表型出现。

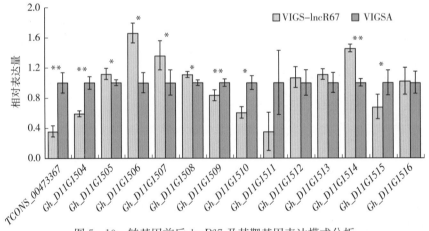

图 5 - 10　转基因前后 lncR67 及其靶基因表达模式分析

＊表示变化显著（$P < 0.05$）　　＊＊表示变化极显著（$P < 0.01$）

5.3.8.2　过表达 TCONS _ 00473367 影响烟草植株发育

将 TCONS _ 00473367 过表达载体转入本氏烟草，通过抗生素筛选、抗性基因检测及目的基因检测，一共获得 5 棵转基因阳性植株。观察转基因植株与对照植株表型发现，在营养生长阶段烟草的株型、叶形、叶色、茎粗、节距等性状上，过表达 TCONS _ 00473367 植株与对照植株没有明显差异（表 5 - 1），部分转基因植株在株高和叶数方面小于对照植株，表明过表达 TCONS _ 00473367 对烟草营养生长会造成一定影响。到了生殖生长期，转基因植株分枝数明显多于对照植株（表 5 - 1），说明过表达 TCONS _ 00473367 可能促进烟草侧枝发育。虽然和对照植株相比，过表达转基因植株的营养生长受到一定抑制，但在同一时期，过表达 *TCONS_00473367* 烟草植株盛开的花朵多于对照植株，而且第一朵花出现的时期也要早于对照植株。转化 *TCONS_00473367* 过表达载体的转基因植株普遍在第 8 片叶腋处有花器官分化，而对照植株却在第 11 片叶腋处有花器官出现，表明过表达 *TCONS_00473367* 可能促使花器官提前发育（图 5 - 11a）。除此之外，过表达转基因株系在生殖生长期花序密集，植株上花序总数多于对照植株（图 5 - 11b）。

表 5 - 1　转基因烟草性状调查

| 编号 | 营养生长期 | | | | | | | 生殖生长期 | | | | |
	株型	株高/cm	茎粗/cm	节距/cm	叶数/片	叶形	叶色	花冠大小/cm	花冠颜色	分枝数/个	始花位节	花序总数/个
CK	塔型	48	0.4	2.4	23	椭圆	黄绿	3.5	白	8	11	18
OE67 - 1	塔型	40	0.3	2.4	18	椭圆	黄绿	3.5	白	10	8	21
OE67 - 2	塔型	38	0.4	2.2	18	椭圆	黄绿	3.5	白	12	9	22
OE67 - 3	塔型	48	0.3	2.0	22	椭圆	黄绿	3.5	白	12	8	22
OE67 - 4	塔型	38	0.3	1.7	17	椭圆	黄绿	3.5	白	14	8	27
OE67 - 5	塔型	48	0.3	2.4	20	椭圆	黄绿	3.5	白	14	8	25

图 5 - 11　过表达 *TCONS_00473367* 烟草植株表型

a：营养生长向生殖生长转变期的烟草　b：生殖生长期的烟草

5.3.8.3 *TCONS_00473367* 及其靶基因功能分析

TCONS_00473367（*lncR67*）全长 802 bp，包含两个外显子，位于 D 亚基因组 11 号染色体，属于基因间 lncRNA（lincRNA）。*TCONS_00473367* 在其他物种中保守性较低，没有已经报道的同源序列，属于未知 lncRNA。在海岛棉与雷蒙德氏棉中保守性较高，而且序列同源性超过 98%，但在亚洲棉中并不存在保守的区域。*TCONS_00473367* 具有种间特异性和时空特异性，在叶片、种子、花瓣、花药中的表达量较低，而在可育系包括保持系 2074B、恢复系 E5903 及杂交种 F$_1$ 减数分裂至花粉双核期花蕾中的表达量较高。*TCONS_00473367* 在哈克尼西棉细胞质雄性不育系 2074A 的花蕾中几乎都不表达，表达模式显著低于可育系（图 5-12a）。

为了分析 *TCONS_00473367* 在各材料中表达差异是否由于启动子顺式作用原件引起，试验团队选取 *TCONS_00473367* 的 5' 端上游 2 500 bp 作为启动子区域，设计引物分别以 2074A、2074B、E5903 及 F$_1$ 的 DNA 为模板，扩增各个材料中的启动子序列。测序确定启动子序列。利用 PlantCare 对启动子区域作用元件进行分析，结果如图 5-13 所示，在 2074A 和 2074B 中，*TCONS_00473367* 启动子区域作用元件基本相同，但是在 2074A 启动子 1 000 bp~1 500 bp 多了一个未知功能的 TCT-motif。在 2074A 和 E5903 中，2074A 启动子 1 500 bp~2 000 bp 少了一个光响应元件的 TCCC motif。2074A 与 F$_1$ 中，*TCONS_00473367* 启动子区域顺式作用元件差别较大，F$_1$ 中缺少了逆境胁迫以及光响应作用元件 ABRE 和 G-box。这些启动子作用元件的差别，可能是造成表达模式变化的原因之一。

TCONS_00473367 调控 13 个蛋白编码基因，分别为 *Gh_D11G1515*、*Gh_D11G1504*、*Gh_D11G1513*、*Gh_D11G1506*、*Gh_D11G1505*、*Gh_D11G1512*、*Gh_D11G1507*、*Gh_D11G1511*、*Gh_D11G1514*、*Gh_D11G1508*、*Gh_D11G1510*、*Gh_D11G1509*、*Gh_D11G1516*。对这 13 个蛋白编码基因进行 GO 功能富集分析，其中 8 个可以注释到 GO 条目，大部分参与一些基础代谢调控，比如信号转导、物质转运、氨基酸合成等（图 5-14）。其中，基因 *Gh_D11G1510* 在花粉外壁细胞形成和花药壁绒毡层细胞分化 tapetum cell differentiation 这两个生物学过程中有显著富集，这两个生物学过程已在小麦中被证实与细胞质雄性不育的发生密切相关[131]。*Gh_D11G1510* 呈现出与 *TCONS_00473367* 几乎完全一致的表达模式，在可育系花蕾中的表达量均显著高于不育系（图 5-12b），*Gh_D11G1510* 与 *TCONS_00473367* 完全一致的表达模式，进一步说明二者可能共表达。利用 Blast2GO 对基因 *Gh_D11G1510* 进行功能注释，发现其富集在生物学过程中的花粉外壁形成代谢通路里（GO：0010584）（图 5-12c），表明该基因在花粉生长发育、花粉壁细胞形成、花粉绒毡层细胞组装阶段发挥重要功能，最终可能参与调控花粉形成。

利用 VIGS 载体在棉花植株中干涉 *TCONS_00473367* 的表达后，*Gh_D11G1510* 的表达模式也呈现出显著下降的趋势（图 5-10），因此推测 *Gh_D11G1510* 表达模式的改变，可能是导致细胞质雄性不育发生的关键因素。

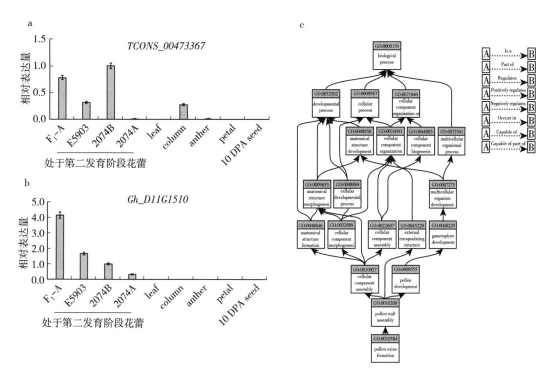

图 5-12 *TCONS_00473367* 及 *Gh_D11G1510* 表达模式分析

a：*TCONS_00473367* 表达模式　b：*Gh_D11G1510* 表达模式　c：*Gh_D11G1510* 功能注释　leaf：叶片　column：柱头　anther：花药　petal：花瓣　10 DPA seed：授粉完成 10 天后种子

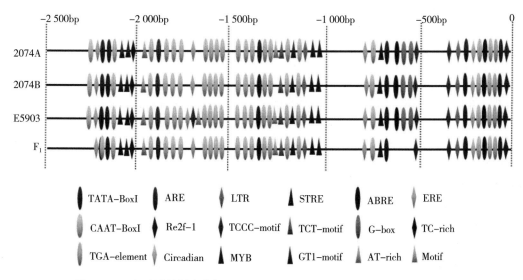

图 5-13　在不同材料中分析 *TCONS_00473367* 启动子区域顺式调控元件

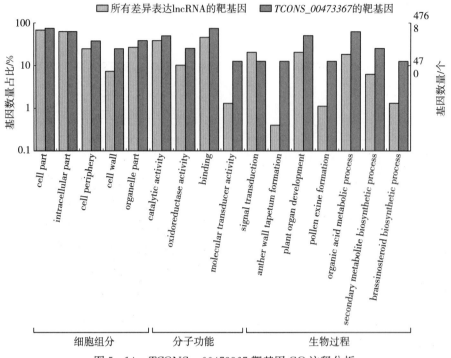

图 5-14　*TCONS_00473367* 靶基因 GO 注释分析

浅色柱形图：所有差异表达 lncRNAs 的 1 643 个靶基因　深色柱形图：*TCONS_00473367* 的 13 个靶基因　cell part：细胞组分　intracellular part：细胞内组分　cell periphery：细胞外围　cell wall：细胞壁　organelle part：细胞器组分　catalytic activity：催化活性　oxidoreductase activity：氧化还原酶活性　binding：结合　molecular transducer activity：分子转运活性　signal transduction：信号转导　anther wall tapetum formation：花药壁绒毡层细胞形成　plant organ development：植物器官发育　pollen exine formation：花粉壁绒细胞形成　organic acid metabolic process：有机酸代谢过程　secondary metabolite biosynthetic process：次级代谢产物合成过程　brassinosteroid biosynthetic process：油菜素甾醇生物合成过程

5.3.9　lncR67 靶基因 Gh_D11G1510 保守性分析

Gh_D11G1510 在 4 个已测序棉种中的保守性较高，蛋白序列同源性超过 90%。通过分析 4 个棉种中 *Gh_D11G1510* 同源基因的进化关系，发现 *Gh_D11G1510* 与陆地棉 A 亚基因组同源基因 *Gh_A11G1365*、陆地棉祖先种雷蒙德氏棉中同源基因 *Gorai.007G163900*、另一个祖先种亚洲棉中同源基因 *Ga11G2479*、海岛棉中同源基因 *GOBARDD0833* 处于同一进化分支，证明该基因是棉花祖先种固有的功能基因，并不是由于四倍体棉种整合二倍体基因组后，基因组发生重排或编辑而产生的。

Gh_D11G1510 编码一个 22α 羟基蛋白酶，属于 CYP90B 基因家族成员，在拟南芥基因组功能注释中证实，该基因与节间长度和育性相关。四倍体棉花基因组较为复杂而且功能基因研究相对落后，为了更好地确定陆地棉中 *Gh_D11G1510* 基因是否参与育性调控，试验团队对不同物种中 *Gh_D11G1510* 同源序列进行了分析，其中包括拟南芥、水稻、小麦、玉米、西红柿（*Solanum lycopersicum*）、油菜（*Brassica napus*）、黄瓜（*Cucumis sativus*）、海岛棉、亚洲棉、雷蒙德氏棉等 21 个物种。在这些物种中均发现了 *Gh_*

D11G1510 的同源基因，利用 MEME 在线软件对这些同源基因的蛋白质序列进行保守模序（motif）分析，设定检测 motif 数最多为 10 个。结果发现，在陆地棉、亚洲棉、雷蒙德氏棉和可可中的 *Gh_D11G1510* 同源基因蛋白序列均检测到 10 个 motif，由于海岛棉中 *Gh_D11G1510* 的同源基因蛋白序列较短，所以只检测到 8 个 motif。而其余物种中，保守存在的 motif 个数均少于 10 个，最少的为马铃薯，其中仅具有 6 个保守存在的 motif（图 5-15）。

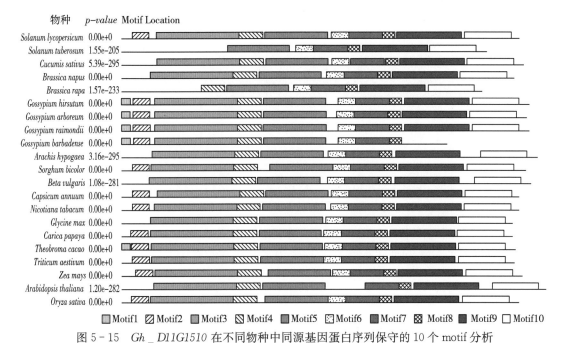

图 5-15　*Gh_D11G1510* 在不同物种中同源基因蛋白序列保守的 10 个 motif 分析

利用 InterProScan 数据库对检测到的 10 个 motif 序列进行功能预测，结果显示 motif 3、motif 5、motif 7、motif 9、motif 10 都属于细胞色素 P450（CYP450）蛋白超家族（IPR036396、IPR001128、IPR002401、IPR017972），其余 motif 不属于任何已知的功能域。值得注意的是，motif 10 在预测得到的功能中显示为 CYP450 蛋白序列的保守位点（IPR002401，IPR017972），由 57 个氨基酸组成（图 5-16）。在分析的 21 个物种中，除了海岛棉中蛋白序列较短，没有预测到 motif 10 外，其余 20 个物种中 *Gh_D11G1510* 的同源基因蛋白序列均含有 motif 10，证明这 57 个氨基酸序列在大多物种中保守性较高，可能属于 CYP450 蛋白家族的主要功能位点。

为了更好地预测 *Gh_D11G1510* 在棉花中发挥的功能，试验团队对 *Gh_D11G1510* 在各个物种中的同源基因进化关系进行了分析。由于 motif 10 功能预测显示为 CYP450 蛋白家族在各个物种中的保守位点，所以采用 motif 10 蛋白序列构建系统进化树，结果如图 5-17 所示。除去海岛棉，在所有分析的 20 个物种中 CYP 蛋白序列共分为两大组，其中陆地棉、小麦、水稻、烟草等分为一组（Ⅰ），拟南芥、油菜、大白菜等分为另外一组（Ⅱ）。前人研究证明 CYP450 蛋白家族基因在小麦和水稻中与雄性不育发生密切相关，而且作用模式研究得也比较清楚[47-49]。陆地棉中的 CYP 蛋白与小麦、水稻中的 CYP450 处于一个进化分支，推测棉花中的 CYP450 也具有相似的功能参与调控雄性器

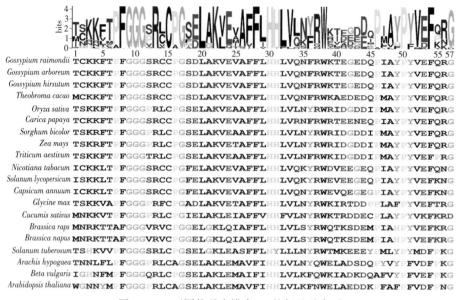

图 5-16　不同物种中模序 10 的氨基酸序列

官发育。此外，陆地棉中 *Gh_D11G1510* 与烟草中同源基因处于同一进化分支，说明它们之间序列比较保守、功能可能相似，这也为下一步在烟草中验证 *Gh_D11G1510* 的功能奠定基础。

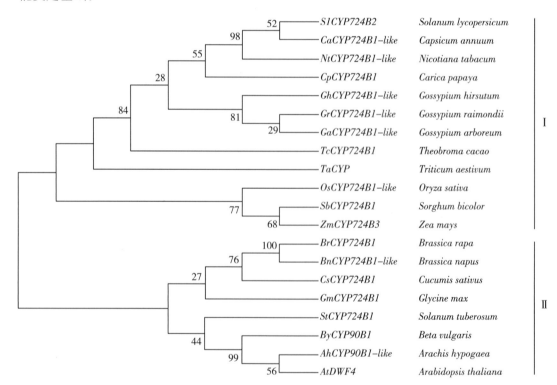

图 5-17　*Gh_D11G1510* 在不同物种中的同源基因亲缘关系分析

5.3.10 *Gh_D11G1510* 调控油菜素甾醇合成

为了进一步了解 *Gh_D11G1510* 参与调控花粉发育的机制，试验团队对该基因进行了 KEGG 代谢通路注释分析。结果显示 *Gh_D11G1510* 编码的蛋白质 CYP90B/724B 参与调控油菜素甾醇合成通路的初始阶段，控制着 22α - Hydroxy-campesterol（22α-羟基菜油甾醇，22 - OHCR）、22α - Hydroxy-campest - 4 - en - 3 - one（22 - OH - 4- en - 3 - one）、22α - Hydroxy - 5α - campestan - 3 - one（22 - OH - 3 - one）、6 - Deoxocathasterone（6 - deoxoCT）的合成，对油菜素甾醇合成通路起着关键的限速作用（图 5 - 18）。

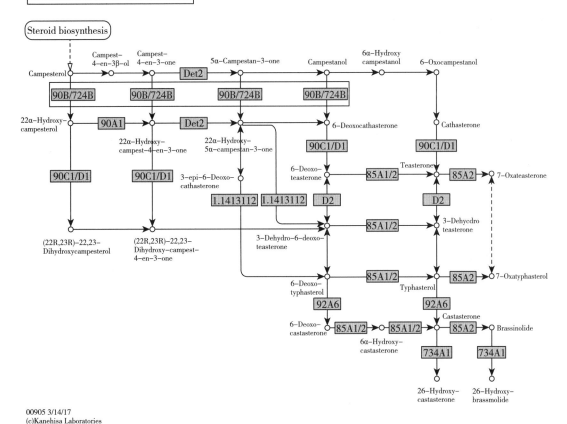

图 5 - 18 *Gh_D11G1510* KEGG 代谢通路分析

方框标注的区域为 *Gh_D11G1510* 编码蛋白

油菜素甾醇已在多个物种中被证明参与雄性器官的生长发育，而且也是造成雄性不育现象的关键因素之一[46]。在前期分析过程中，试验团队发现不育系与保持系差异表达的 miRNAs（miR393、miRn48 等）靶向 *Gh_D08G0477*、*Gh_D08G0763*、*Gh_D08G1288*、*Gh_A08G1014* 等蛋白编码基因，这些基因参与调控油菜素甾醇和生长素信号转导过程（图 5 - 19），证明 miRNA 在植物激素信号转导过程中也扮演着重要角色。

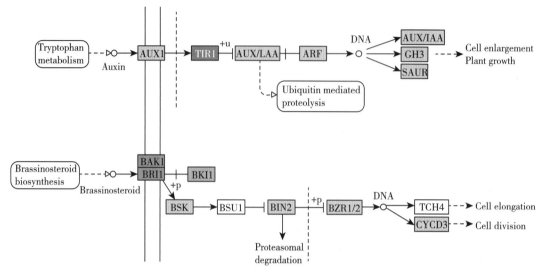

图 5 - 19　miRNA 调控植物激素信号转导

5.3.11　*Gh ＿ D11G1510* 功能验证

基于前期结果可知，在棉花植株中沉默 *TCONS ＿ 00473367* 的表达，会让花器官表现出不育或半不育的异常现象。研究 *TCONS ＿ 00473367* 的作用模式，发现靶基因在 *TCONS ＿ 00473367* 表达模式下调的同时，靶基因 *Gh ＿ D11G1510* 的表达丰度也呈显著性降低，因而试验团队推测花器官异常现象与 *Gh ＿ D11G1510* 表达丰度降低有密切关系。分析 *Gh ＿ D11G1510* 在各物种中的亲缘关系，结果显示 *Gh ＿ D11G1510* 在陆地棉和烟草中亲缘关系较近，而且功能区域相对保守。为了进一步在分子水平验证 *Gh ＿ D11G1510* 在花器官发育过程中的作用模式，试验团队构建 *Gh ＿ D11G1510* 干涉载体和 VIGS 载体，准备同时转化烟草和棉花。

陆地棉属于四倍体物种，基因组包括 At 亚基因组和 Dt 亚基因组，*Gh ＿ D11G1510* 在 At 亚基因组上存在序列极其保守的同源基因 *Gh ＿ A11G1365*，所以在利用 VIGS 沉默 *Gh ＿ D11G1510* 基因表达的同时，将 *Gh ＿ A11G1365* 一同沉默。试验团队在构建 VIGS 载体时，同时构建了 VIGS - *Gh ＿ A11G1365* 和 VIGS - *Gh ＿ D11G1510* 两个载体。构建过程如图 5 - 20 所示，两个 VIGS 载体已经构建完成并转化根癌农杆菌感受态细胞。

在棉花保持系 2074B 中特异地沉默 *Gh ＿ D11G1510*，棉花花药表现出与 VIGS - lncR67 相似的性状，花药不开裂且可育花粉粒显著减少（图 5 - 21）。以上研究结果均在两年的重复试验中得到验证，初步证明 *TCONS ＿ 00473367* 正向调控 *Gh ＿ D11G1510* 的表达影响棉花花粉育性。

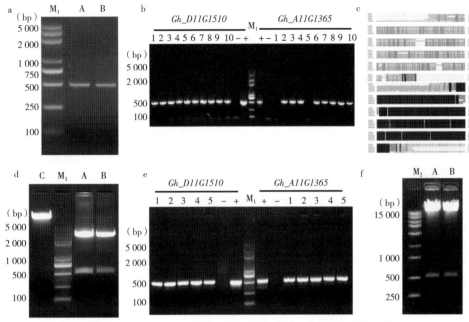

图 5-20　*Gh＿A11G1365* 和 *Gh＿D11G1510* VIGS 载体构建

　　a：目的片段扩增，其中 M₁ 为 D2000 plus DNA Ladder，A 为 *Gh＿D11G1510*，B 为 *Gh＿A11G1365*　b：目的片段连接克隆载体 pMD18－T 菌液检测，其中 M₁ 为 D2000 plus DNA Ladder　c：目的片段测序　d：目的片段质粒及 VIGSA 质粒双酶切，其中 A 为 *Gh＿D11G1510*，B 为 *Gh＿A11G1365*，C 为 VIGSA，M₁ 为 D2000 plus DNA Ladder　e：表达载体 VIGSA 连接目的片段菌液检测，其中 M₁ 为 D2000 plus DNA Ladder　f：植物表达载体双酶切检测，其中 M₂ 为 D15000 plus DNA Ladder，A 为 *Gh＿D11G1510*，B 为 *Gh＿A11G1365*

图 5-21　VIGS 沉默目的基因 *Gh＿D11G1510* 植株表型（参照彩图 4）

　　a，d，g：对照与转基因植株盛花期花朵　b，e，h：对照与转基因植株盛花期花药　c，f，i：对照与转基因植株盛花期花粉活力

5.3.12 *Gh_D11G1510* 催化油菜素甾醇合成影响植株育性

分析沉默 *TCONS_00473367* 及 *Gh_D11G1510* 棉花植株花粉发育的细胞学水平变化，发现在孢原细胞至小孢子母细胞期间，野生型与转基因植株的花粉发育没有明显的区别。在花粉母细胞至单核花粉粒时期，野生型棉花的花粉粒绒毡层开始降解并形成大量四分体，而转基因植株的小孢子母细胞不能进一步发育形成四分体，并且开始出现死亡的现象，最终导致小孢子数量远远少于对照，可育花粉粒数目显著减少（图5-22）。这一现象与拟南芥油菜素甾醇缺失突变体一致，表明油菜素甾醇含量减少导致小孢子发育异常，是引起棉花转基因植株育性降低的主要原因。

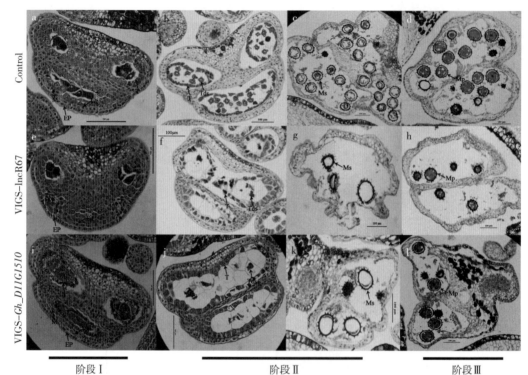

图5-22 沉默 *TCONS_00473367* 及 *Gh_D11G1510* 棉花花药细胞学观察（参照彩图5）

a，e，i：花粉细胞发育第一阶段　b，c，f，g，j，k：花粉细胞发育第二阶段　d，h，l：花粉细胞发育第三阶段　EP：外皮层　En：内皮层　M：中层　T：绒毡层　Tds：四分体　Ms：小孢子　Mp：成熟的花粉粒

5.3.13 干涉 *Gh_D11G1510* 烟草同源基因导致烟草结实率降低

同时，为了在烟草中验证 *Gh_D11G1510* 的功能和作用机制，试验团队利用 *Gh_D11G1510* 在棉花和烟草中的保守区段（motif 10）核苷酸序列设计引物，构建干涉载体。棉花中的 *Gh_D11G1510* 在烟草中的同源基因为 *CYP724B*，利用棉花与烟草中 *CYP724B* 保守区段设计引物，构建 *CYP724B* 的干涉载体，并通过叶盘法转化烟草，获得转基因烟草再生苗（RNAi-CYP724B）。加代纯合后，利用 qRT-PCR 检测烟草花蕾中 *CYP724B* 的表达量，结果发现转基因烟草 *CYP724B* 的表达丰度显著低于对照植株（图5-23d）。观察转

基因烟草表型，发现与对照植株相比，转基因烟草植株叶片卷曲生长（图 5 - 23a）、植株矮化；生殖生长阶段，转基因烟草的花器官可育花粉粒数量减少，柱头没有明显变化（图 5 - 23b）；授粉完成后，转基因植株花蕾大小与对照植株没有显著差异，但转基因烟草果实中种子排列疏松（图 5 - 23c）。成熟烟草中，转基因植株单荚籽粒数极显著低于对照植株（图 5 - 23e）；转基因植株种子千粒重高于对照植株，但种子萌发率没有显著差异，均在 90% 以上（图 5 - 23f、图 5 - 23g）。以上结果表明，干涉烟草 *NtCYP724B*，转基因植株出现与棉花 *Gh_D11G1510* 突变植株相似的油菜素甾醇缺乏症状，株高矮化、花粉育性降低、种子结实率显著下降。

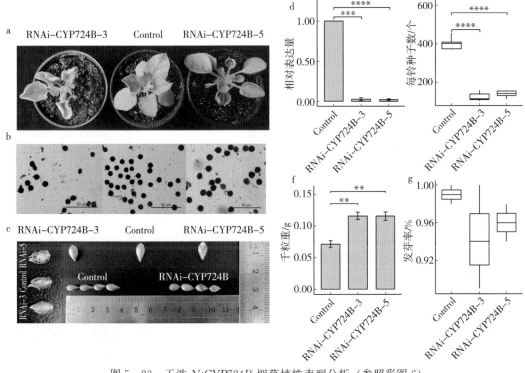

图 5 - 23　干涉 *NtCYP724B* 烟草植株表型分析（参照彩图 6）

a：干涉 *NtCYP724B* 转基因烟草叶片表型　b：干涉 *NtCYP724B* 转基因烟草花粉活力检测　c：干涉 *NtC-YP724B* 转基因烟草花蕾大小及纵切面观察　d：干涉 *NtCYP724B* 转基因烟草花蕾中 CYP724B 表达丰度检测　e：干涉 *NtCYP724B* 转基因烟草成熟期单荚种子数统计　f：转基因及对照烟草种子千粒重比较　g：转基因及对照烟草种子萌发率检测　** 表示水平显著（$P<0.01$）　*** 表示水平显著（$P<0.001$）　**** 表示水平显著（$P<0.0001$）

以上结果初步证明，*TCONS_00473367* 正向调控 *Gh_D11G1510* 表达，而 *Gh_D11G1510* 蛋白编码基因对调控油菜素甾醇合成具有重要作用并进一步影响了棉花和烟草的育性。

5.3.14　*lncR67* 正向调控 *Gh_D11G1510* 表达

以上研究结果证明 *TCONS_00473367*（*lncR67*）正向调控 *Gh_D11G1510*（GHC-YP724B）表达。本研究发现 miRn3367 在棉花中的前体序列可以形成稳定的茎环结构，而且在 2074A 和 2074B 花蕾中均有较高的表达丰度（图 5 - 24），证明 miRn3367 在棉花中稳定存在并发挥调控功能。

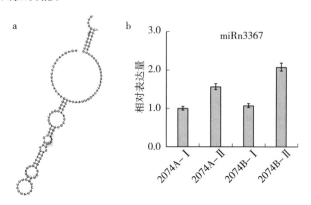

图 5 - 24 miRn3367 特性描述

a：miRn3367 前体序列茎环结构 b：miRn3367 在 2074A 及 2074B 花蕾中的表达丰度

通过生物信息学预测，试验团队发现 *lncR67* 与 miRn3367 互补配对，但是在 miRn3367 的 5'端第 9 到 12 位核苷酸位点处有 3 个碱基的凸起，推测 *lncR67* 可以作为 miRn3367 的 eTM 调控 miRn3367 功能。此外，miRn3367 可以靶向 *GHCYP724B*，切割

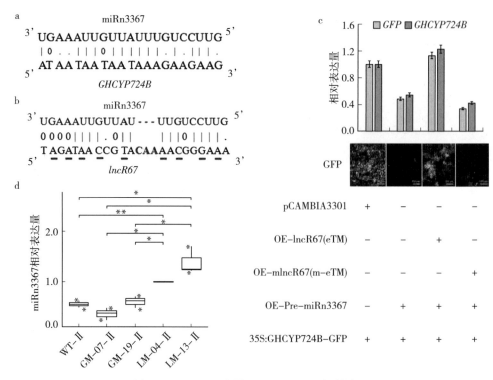

图 5 - 25 *lncR67* 调控 *GHCYP724B* 机制验证

a：miRn3367 靶向 *GHCYP724B* b：*lncR67* 作为 miRn3367 的 eTM，其中红色下划线表示 mlncR67 突变碱基位点 c：不同载体组合瞬时转化烟草叶片后 *GHCYP724B*、*GFP* 表达模式变化趋势及 *GFP* 荧光强度变化趋势 d：miRn3367 在 *lncR67* 及 *GHCYP724B* 突变体材料花蕾中表达模式

GHCYP724B 的转录本（图 5 - 25a、图 5 - 25b）。为了验证 *lncR67* 通过作为 miRn3367 的 eTM，正向调控 *GHCYP724B* 表达，试验团队分别构建了 miRn3367 前体序列的过表达载体（OE - Pre - miRn3367）、*lncR67* 过表达载体（OE - lncR67）、*lncR67* 突变序列的过表达载体（OE - mlncR67）以及 *GHCYP724B* 的 GFP 表达载体（35S：*GHCYP724B* - GFP），瞬时转化烟草叶片。结果发现同时过表达 miRn3367 前体序列及 *GHCYP724* - GFP 后，miRn3367 可以切割 *GHCYP724B*，导致 *GHCYP724B* 和 GFP 表达模式下调，且 *GFP* 荧光强度降低（图 5 - 25c）。而当再加入 *lncR67* 过表达载体后，*lncR67* 与 miRn3367 结合，可以抑制 miRn3367 对 *GHCYP724B* 的切割作用，*GHCYP724B* 及 *GFP* 表达丰度得到恢复；但是将 *lncR67* 与 miRn3367 结合位点碱基突变之后，上述抑制现象不再存在（图 5 - 25c）。以上结果表明，*lncR67* 作为 miRn3367 的 eTM 正向调控 *GHC-YP724B* 的表达模式。

5.3.15 敲除 *lncR67*、*GHCYP724B* 导致棉花雄性不育和植株矮化

为了进一步验证 *lncR67* 及其靶基因功能，并阐明其作用的分子机理，试验团队创制了 CRISPR/Cas9 基因敲除转基因植株。在 *lncR67* 第一个外显子区域设计两个 sgRNAs，分别命名为 sgRNA1 和 sgRNA2，其中 sgRNA1 位于 miRn3367 与 *lncR67* 结合位点处。在 *GHCYP724B* 功能保守区域设计两个 sgRNAs，命名为 sgRNA3 和 sgRNA4，sgRNA3 和 sgRNA4 同时靶向 *GHCYP724B* 在陆地棉另一个亚基因组上的同源基因。构建 CRISPR/Cas9 载体并利用根癌农杆菌介导的愈伤组织转化法转化陆地棉 Jin668，经过下胚轴侵染、非胚性愈伤组织诱导、胚性愈伤组织诱导、愈伤组织分化、生根培养等步骤，获得了基因敲除的转基因棉花植株。

为了进一步确定转基因阳性植株目的基因发生编辑还是敲除，试验团队分别在两个 sgRNAs 上下游设计了引物，扩增包含 sgRNA 的目的片段，然后连接在 pMD18 - T 载体上，转化大肠杆菌进行一代测序，每个单株转化体至少送 7 个单克隆进行测序。通过与受体植株目的序列进行比对，分别获得了 *lncR67*、*GHCYP724B* 目的片段发生编辑的转基因植株，靶位点编辑类型各不相同，如图 5 - 26 及图 5 - 27 所示。从图 5 - 26 可以看出，*lncR67* 基因敲除转基因单株发生了不同类型的编辑，其中 LM - 04、LM - 13 单株在 sgRNA1 位点处发生了 11 个和 14 个碱基的缺失，这种突变类型导致 miRn3367 与 *lncR67* 结合受到干扰，而其他阳性单株在 sgRNA1 和 sgRNA2 位点分别发生了不同个数碱基的

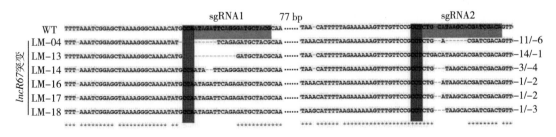

图 5 - 26　部分 *lncR67* 基因敲除转基因单株编辑类型检测

缺失。GHCYP724B 转基因植株，在外显子区域发生了不同类型的碱基插入或缺失，导致 GHCYP724B 翻译提前终止或者移码突变，影响了正常功能的发挥（图 5 - 27）。

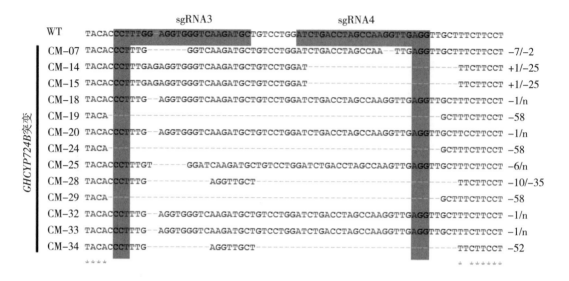

图 5 - 27 部分 GHCYP724B 基因敲除转基因单株编辑类型检测

通过以上编辑基因及目的片段编辑效率检测，分别获得了 20 株 GHCYP724B 突变体植株（GM）和 15 株 lncR67 突变体植株（LM），以 GM - 07、GM - 18、GM - 19、LM - 04、LM - 13 为材料进行后续研究。编辑效率检测结果显示，GM - 07、GM - 18、GM - 19 的编码区域均发生单个或多个碱基的缺失，造成蛋白翻译发生移码突变，或者不能翻译全长蛋白质，导致保守功能区域缺失。脱靶效应预测及分子检测显示，GM - 07、GM - 18、GM - 19 均未发生脱靶编辑（图 5 - 28）。

lncR67 基因编辑转基因植株 LM - 04、LM - 13 在 sgRNA1 位点处发生多个核苷酸的缺失，导致 lncR67 与 miRn3367 互补配对位点缺失，结合受到抑制（图 5 - 25d）。检测 GHCYP724B、lncR67 基因编辑转基因植株及受体植株花蕾中 miRn3367 的表达丰度，结果发现由于受到 lncR67 的结合及抑制，miRn3367 在 GHCYP724B 基因编辑转基因植株及受体植株花蕾中表达丰度显著低于 lncR67 基因编辑转基因植株（图 5 - 25d）。纯合转基因植株节间缩短、主茎叶片数减少、株高矮化（图 5 - 29、图 5 - 30b、图 5 - 30e）；生殖生长期，转基因植株花朵较小、花药干瘪、花粉粒不规则且 I_2 - KI 染色着色较浅（图 5 - 30c、图 5 - 30e）。以上结果表明，敲除 lncR67 及 GHCYP724B 后，棉花出现株高矮化、雄性不育等 BR 缺失症状。

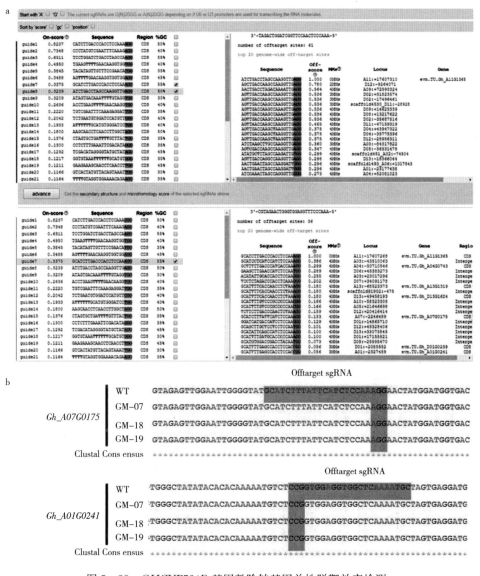

图 5-28 *GHCYP724B* 基因敲除转基因单株脱靶效率检测

a：sgRNA 脱靶效率预测　b：GM-07、GM-18、GM-19 单株中脱靶基因编辑效率检测

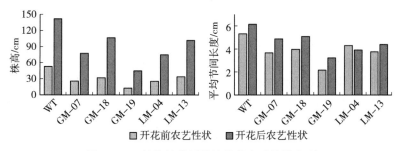

图 5-29　敲除转基因植株营养生殖阶段表型

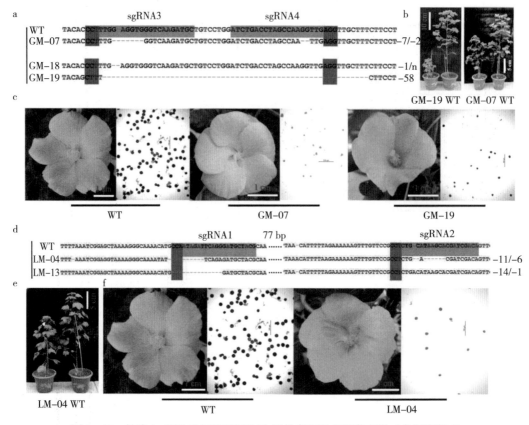

图 5 - 30　敲除 *lncR67* 及 *GHCYP724B* 植株高度及花器官表型（参照彩图 7）

　　a，b，c：CRISPR/Cas9 敲除 *GHCYP724B* 植株靶位点突变序列，突变植株株高，以及突变植株花器官和花粉 I_2 - KI 染色　d，e，f：CRISPR/Cas9 敲除 *lncR67* 植株靶位点突变序列，突变植株株高，以及突变植株花器官和花粉 I_2 - KI 染色

5.3.16　*GHCYP724B* 调控棉花油菜素甾醇合成代谢

　　GHCYP724B 属于 *CYP450* 蛋白家族成员，编码 C - 22α 羟基化酶，是 BR 合成代谢起始阶段关键的催化酶。为了进一步验证 *lncR67* 及其靶基因 *GHCYP724B* 的分子功能，试验团队利用高效液相色谱-串联质谱外标法（HPLC - MS/MS）检测了棉花 CRISPR/Cas9 基因编辑植株花蕾的 BR 中间活性产物含量，发现 *lncR67* 及 *GHCYP724B* 基因敲除转基因植株 GM - 07、GM - 19、LM - 04 花蕾中 BR 中间活性产物 28 - homocastasterone（28 - homoCS），28 - norcastasterone（28 - norCS），6 -脱氧油菜素甾酮（6 - deoxoCS）、香蒲甾醇（TY）、油菜素甾酮（CS）含量均显著低于受体植株（图 5 - 31a），表明在敲除了 *lncR67* 及其靶基因 *GHCYP724B* 后，转基因植株 BR 合成代谢受到抑制，中间活性产物含量减少。BR 合成基因表达模式通常会受到 BR 信号转导反馈的调节，以维持 BR 在植物体内的平衡。在本研究中，试验团队检测了 BR 合成基因 *GHCPD1*、*GHCPD2*、*GHROT3*、*GHBR6OX1*、*GHDET2*、*GHDWF4* 在转基因植株花蕾中的表达模式，结果发现它们的表达模式相对于受体花蕾均显著上调（图 5 - 31b），表明这些合成基因在 BR

含量下降后受到反馈调节，表达丰度增加。以上结果充分证明，*GHCYP724B* 是介导 BR 生物合成的关键催化酶，敲除或干涉 *GHCYP724B* 后，植株 BR 合成受阻，活性物质含量减少，导致植株出现雄性不育及株高矮化的表型。

为了进一步解析 *GHCYP724B* 调控 BR 合成的代谢通路，试验团队利用 String 网站预测了 *GHCYP724B* 互作蛋白，结果发现 GHCYP724B 可能与 *GHDET2*、*GHCYP90A*、*GHROT3*、*GHDIM*、*GHCYP90B* 等蛋白互作。通过双分子荧光互补实验发现，在共同转化 YFP^N – *GHCYP724B* 与 YFP^C – *GHDIM*，以及 YFP^N – *GHCYP724B* 与 YFP^C – *GHCYP90B* 后，可以激活黄色荧光蛋白，初步证明 *GHCYP724B* 与 *GHDIM*、*GHCYP90B* 相互作用。进一步构建 *GHCYP724B* – GFP 载体以及 *GHDIM* – RFP、*GHCYP90B* – RFP 载体，并注射烟草，结果证明，*GHCYP724B*、*GHDIM*、*GHCYP90B* 共定位在细胞膜上发挥功能（图 5 – 31 d、图 5 – 31e）。*GHDIM* 编码 24 –类固醇还原酶，*GHCYP90B* 是细胞色素 *P450* 家族蛋白，二者均是 BR 合成的关键催化酶，可能与 *GHCYP724B* 协同调节 BR 合成代谢。

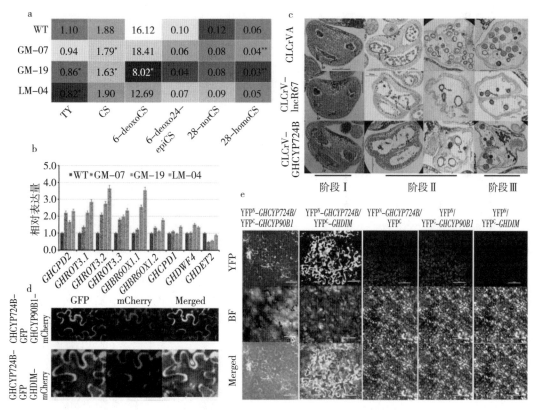

图 5 – 31　*GHCYP724B* 催化 BR 生物合成（参照彩图 8）

a：棉花 *lncR67* 及 *GHCYP724B* 突变植株花蕾 BR 中间活性产物含量检测　b：BR 合成基因在棉花突变体与受体植株花蕾表达模式　c：VIGS 沉默棉花 *lncR67* 及 *GHCYP724B* 后花蕾发育细胞学检测　d：双分子荧光互补实验验证 *GHCYP724B* 互作蛋白　e：*GHCYP724B* 及其互作蛋白亚细胞共定位检测　* 表示水平显著（*P*＜0.05）
** 表示水平极显著（*P*＜0.01）

　　为了验证 *GHDIM*、*GHCYP90B* 的分子功能，试验团队利用 VIGS 技术在 2074B 中分别沉默了 *GHDIM* 及 *GHCYP90B*。观察植株表型，结果发现在沉默了 *GHDIM* 后，2074B 植株的花器官变小、盛花期部分花药不开裂、花粉粒 $I_2 - KI$ 染色着色较浅，且花粉萌发率较低；沉默 *GHCYP90B* 后，部分花药不能正常开裂，干瘪花粉粒比例增加，且绝大部分花药都不能萌发（图 5 - 32）。且在沉默 *GHDIM*、*GHCYP90B* 后，转基因植株花药总数显著少于对照。以上结果证明 *GHDIM*、*GHCYP90B* 也参与棉花雄性不育调控。

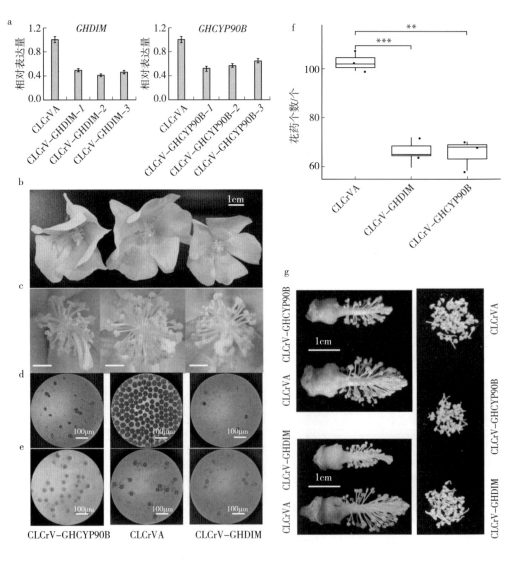

图 5 - 32　沉默 *GHDIM*、*GHCYP90B* 植株表型鉴定（参照彩图 9）

a：VIGS 植株目的基因沉默效率检测　b：花器官对比　c：盛花期雄蕊散粉情况对比

d：花药 $I_2 - KI$ 染色　e：花粉萌发效率检测　f：花药总数对比分析　g：花药总数及形态观察

** 表示水平显著（$P < 0.01$）　　*** 表示水平显著（$P < 0.001$）

5.3.17 转录因子 BZR1/BES1 调控棉花雄性不育

利用石蜡切片法观察 CLCrV - lncR67（VIGS - lncR67）、CLCrV - GHCYP724B（VIGS - Gh_D11G1510），植株花蕾，以及对照植株 CLCrVA（Control）花蕾的细胞学发育状态，发现在沉默 lncR67 和 GHCYP724B 后，棉花小孢子母细胞形成的四分体显著减少（彩图 5，彩图 8），这一现象与拟南芥 BR 缺失突变体花粉的细胞学性状完全相同，并且不管是拟南芥 BR 合成、信号转导还是识别受体蛋白突变体，均表现出雄性不育的症状。以上结果表明，在沉默 lncR67 和 GHCYP724B 后，油菜素甾醇中间活性产物含量减少，导致调控小孢子母细胞发育的基因表达模式发生变化，影响小孢子发育，最终造成四分体合成受阻。

GHCYP724B 突变植株 GM - 07、GM - 19 中，GHCYP724B 外显子区域发生碱基缺失或大片段序列丢失，导致翻译发生移码突变或者提前停止，GHCYP724B 功能保守位点缺失，突变植株雄性不育；突变植株 LM - 04 中，lncR67 与 miRn3367 结合位点发生了 6 个碱基的缺失，导致 miRn3367 被释放、表达模式上调，GHCYP724B 表达模式显著降低，突变植株雄性不育。取 GM - 07、GM - 19、LM - 04 及受体植株 WT 花粉母细胞期至双核期的花蕾（F）进行转录组测序分析，对比 GM - 07 - F vs WT - F、GM - 19 - F vs WT - F、LM - 04 - F vs WT - F 差异表达基因，结果在 GM - 07 与 WT 花蕾中鉴定得到 3 954 个差异表达基因，在 GM - 19 与 WT 花蕾中鉴定得到 7 651 个差异表达基因，在 LM - 04 与 WT 花蕾中共鉴定得到 2 386 个差异表达基因。3 个突变体材料花蕾中相对于 WT 均存在显著差异表达的基因共有 848 个（图 5 - 33a），这些基因主要富集在碳水化合物合成与分解代谢通路、次级产物合成代谢、脂肪酸代谢等通路中（图 5 - 33b）。其中，127 个基因参与葡聚糖、果糖、木聚糖、果胶质、蜡状物等碳水化合物的代谢，以及脂质、脂肪酸的合成与分解代谢等（图 5 - 34a），以上代谢过程均与小孢子母细胞形成密切相关，这一结果与 VIGS 沉默植株花粉粒细胞学发育状态的结果相吻合。

127 个基因中，有 62 个在雄性不育材料 GM - 07、GM - 19、LM - 04、2074A 花蕾中，以及可育材料 WT、2074B 花蕾中表现出相反的表达趋势，其中有 37 个差异表达基因达到极显著水平（图 5 - 34b），这些基因在不育材料与可育材料中的差异表达对花粉粒正常发育调控具有重要影响。分析这些基因功能，发现它们显著富集在植物信号转导通路，参与 BR 信号转导、细胞分裂素信号转导、生长素信号转导、茉莉酸信号转导、乙烯信号转导、脱落酸信号转导等（图 5 - 33c），推测这些基因参与植物激素信号通路调控，而不同激素之间又可以协同作用，进而影响植株育性。

在 848 个差异表达基因中随机选择 12 个，利用 qRT - PCR 检测其在烟草中同源基因的表达模式，结果发现这些基因在转基因烟草（RNAi - CYP724B - 3、RNAi - CYP724B - 5）花蕾中表达模式的变化趋势与转基因棉花（GM - 07、GM - 19）完全一致（图 5 - 34c）。表明不管是在烟草还是在棉花中，敲除或者沉默 CYP724B 后，都会有一个共同的上游因子调节下游蛋白编码基因表达模式。分析上述参与花粉小孢子发育基因的启动子元件，发现它们均包含多个 BZR1/BES1 结合元件，E - box 及 BRREs（图 5 - 34d），受到 BR 信号调控。BZR1/BES1 是油菜素甾醇信号转导的关键转录因子，通过调控下游靶基因发挥重要

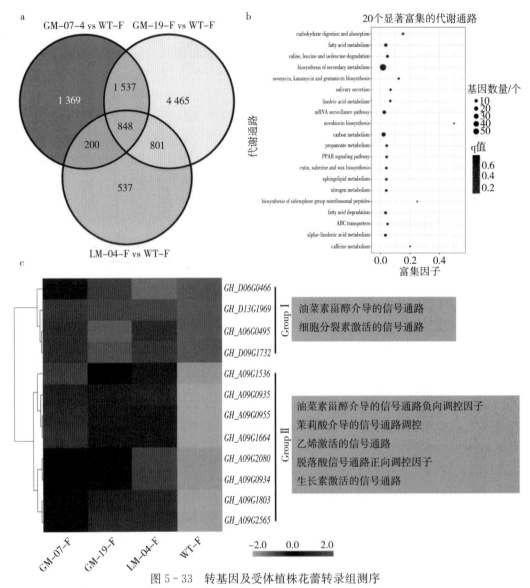

图 5-33 转基因及受体植株花蕾转录组测序

a: 3个基因突变植株花蕾与受体植株花蕾共同差异表达基因韦恩图　b: 共同差异表达基因GO富集分析　c: 参与植物激素信号转导基因在转基因突变体植株花蕾及受体植株花蕾中的表达模式　carbohydrate digestion and absorption: 碳水化合物的消化和吸收　fatty acid metabolism: 脂肪酸代谢　valine, leucine and isoleucine degradation: 缬氨酸、亮氨酸和异亮氨酸的降解　biosynthesis of secondary metabolism: 次级代谢产物合成　neomycin, kanamycin and gentamicin biosynthesis: 新霉素, 卡那霉素和庆大霉素的生物合成　salivary secretion: 唾液分泌　linoleic acid metabolism: 亚油酸代谢　mRNA surveillance pathway: mRNA监视通路　novobiocin biosynthesis: 新生霉素生物合成　carbon metabolism: 碳代谢　propanoate metabolism: 丙酸盐代谢　PPAR signaling pathway: PPAR信号通路　cutin, suberine and wax biosynthesis: 角质、亚蜡和蜡的生物合成　sphingolipid metabolism: 鞘脂类代谢　nitrogen metabolism: 氮代谢　biosynthesis of siderophore group nonribosomal peptides: 铁载体群非核糖体肽的生物合成　fatty acid degradation: 脂肪酸降解　ABC transporters: ABC转运体　alpha-linolenic acid metabolism: α-亚麻酸代谢　caffeine metabolism: 咖啡因代谢

功能。在转基因棉花及转基因烟草中，*CYP724B* 表达模式的变化引起 BR 体内含量的改变，进一步影响了 BZR1/BES1 作用模式，引起下游花粉发育相关基因表达模式改变，影响花粉粒发育过程，最终导致转基因植株出现雄性不育症状。

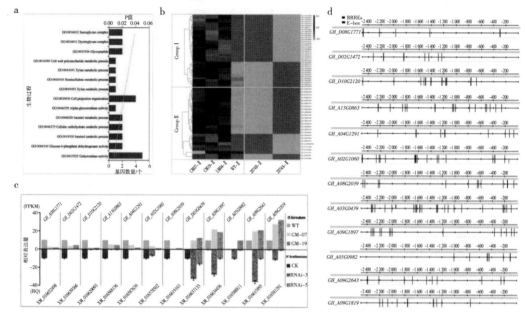

图 5 - 34　基因敲除植株花蕾与受体植株花蕾转录组测序分析

a：3 个突变植株 GM - 07、GM - 19、LM - 04 花蕾与受体植株花蕾共有差异表达基因功能分析　b：参与花粉小孢子细胞形成相关基因表达模式，其中 Group I 为极显著差异表达基因，Group II 为差异表达基因　c：图中的上图为棉花中花粉小孢子发育相关基因在转基因与受体植株花蕾中表达模式，下图为烟草中与棉花同源的花粉发育相关基因在转基因与受体烟草植株花蕾中表达模式　d：棉花中花粉发育相关基因启动子区域 BZR1/BES1 结合元件分析　GO：0016012 sarcoglycan complex；GO：0016012 肌肉糖蛋白复合体　GO：0016011dystroglycan complex；GO：0016011 肌萎缩蛋白复合体　GO：0033926 glycopeptide；GO：0033926 糖肽　GO：0010383 cell wall polysaccharide metbolic process；GO：0010383 细胞壁多糖代谢过程　GO：0045491 xylan mctabolic process；GO：0045491 木聚糖代谢过程　GO：0010410 hemicellulose metabolic process；GO：0010410 半纤维素代谢过程　GO：0045493 xylan catabolic process；GO：0045493 木聚糖分解代谢过程　GO：0030030 cell projection organization；GO：0030030 细胞突起组织　GO：0046559 alpta-glucuronidase activity；GO：0046559 α-葡萄糖醛酸苷酶活性　GO：0006020 inositol metabolic process；GO：0006020 肌醇代谢过程　GO：0044275 cellular carohydrate catabolic process；GO：0044275 细胞碳水化合物分解代谢过程　GO：0019310 inositol catabolic process；GO：0019310 肌醇分解代谢过程　GO：0004345 glucose-6-phosphate dehydrogenase activity；GO：0004345 葡萄糖 6 磷酸脱氢酶活性　GO：0015925 galactosidase activity；GO：0015925 半乳糖苷酶活性

5.3.18　*GHMCM2* 及营养物质代谢相关基因调控棉花株高

GHCYP724B 在棉花叶片中有较高丰度的表达模式（图 5 - 35a）。为了阐明在敲除 *lncR67* 及 *GHCYP724B* 后影响棉花株高的分子机理，试验团队分析了 *GHCYP724B* 突变植株 GM - 07、GM - 19；*lncR67* 突变植株 LM - 04 及受体植株 WT 生长点叶片（L）的转录组表达谱。对比 GM - 07 - L vs WT - L、GM - 19 - L vs WT - L、LM - 04 - L vs WT - L 差异表达基因，结果发现 GM - 07 与 WT 叶片中差异表达的基因有 18 309 个，GM - 19 与 WT 叶片中差异表达的基因有 7 247 个，而在 LM - 04 与 WT 叶片中差异表达

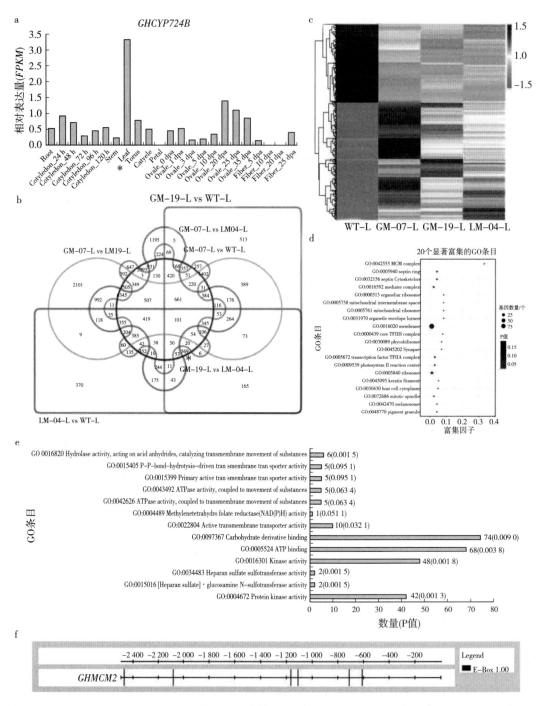

图 5-35　基因敲除植株与受体植株生长点叶片转录组测序分析

　　a：*GHCYP724B* 组织表达分析　b：3 个突变植株 GM-07、GM-19、LM-04 顶端叶片与受体植株顶端叶片差异表达基因韦恩图　c：3 个突变植株 GM-07、GM-19、LM-04 顶端叶片与受体植株顶端叶片共有差异表达基因表达模式　d，e：3 个突变植株 GM-07、GM-19、LM-04 顶端叶片与受体植株顶端叶片共有差异表达基因 GO 分析　f：*GHMCM2* 基因启动子元件分析基因有 4 940 个。以上差异表达基因在 3 个突变体材料中相对于 WT 均存在显著差异表达的基因共有 569 个，且这些基因在 3 个突变体材料彼此之间没有显著差异表达（图 5 - 35b、图 5 - 35c）。GO 富集分析结果发现，569 个基因主要富集在 MCM Complex、中间调解复合物、线粒体内膜成分等（图 5 - 35d）。此外，这些基因中多数基因参与碳水化合物代谢、ATP 合成与转运、营养物质转运等过程（图 5 - 35e）。其中 MCM 基因家族成员在植物顶端分生组织及分化细胞中高度富集表达，玉米中 *ZmMCM2* 基因参与细胞增殖与分裂，调节顶芽分化，而且其在植株营养物质缺乏时，表达模式发生变化。利用 ccNET 预测 *GHMCM2* 共表达基因并分析功能，发现这些共表达基因主要参与 MCM Complex 生物学过程。以上结果证明，*GHMCM2* 基因家族成员在棉花突变材料株高矮化过程中扮演重要角色，且 *GHMCM2* 启动子区域含有多个 BRREs/E-Box 元件，同样受到 BR 信号的调控（图 5 - 35f）。

5.3.19 *lncR67* 靶向线粒体 *orf*

细胞质雄性不育通常由线粒体基因与细胞核基因不协调互作引起，为了验证 lncRNA67 是否可以参与调控线粒体基因的表达模式，我们对实验室前期预测得到的哈克尼西棉细胞质雄性不育系 2074A 的 188 个线粒体 *orfs* 与 *lncR67* 的相关性进行了分析。利用 LncTar 分析网站，设置标准结合自由能最大为 −0.1，共预测得到 3 个 *orfs* 受到 lncRNA67 调控，如表 5 - 2 所示。

表 5 - 2   *TCONS _ 00473367* 靶向线粒体 *orfs*

lncRNA 编号	序列长度	靶标	靶标长度	结合自由能	标准结合自由能	序列起始位点	序列终止位点	靶标起始位点	靶标终止位点
lncR67	802	*orf157*	327	−20.69	−0.119 6	1	182	146	327
lncR67	802	*orf105*	333	−12.73	−0.144 7	1	112	222	333
lncR67	802	*orf108*	321	−13.04	−0.101 9	1	160	162	321

以上 3 个 *orfs* 在哈克尼西棉细胞质雄性不育保持系 2074B 以及陆地棉细胞质雄性不育系 2074S 和恢复系 E5903 中均存在，其中只有 *orf108* 在 E5903 中有一个 gap，相似性为 99%，其余的在各材料中相似性都达到了 100%。*orf105* 距离线粒体功能基因较远，约有 13 000 bp，与功能基因共转录的可能性较小，此外，*orf105* 也不处于不育系特异片段区域，不具有前人报道的不育基因的结构特征。*orf108* 位于线粒体功能基因 *trnD* 上游 3 245 bp 处，与 *trnD* 具有相同的转录方向（图 5 - 36a）；*orf108* 与 2074A 线粒体基因组中一段长度大于 10 kb 的重复序列具有嵌合片段，而且 92% 的碱基都位于重复序列区域，推测 *orf108* 可能是由于线粒体重组或重排产生的。预测 *orf108* 蛋白结构特征，发现其没有跨膜结构域（图 5 - 36b）。*orf157* 由 327 个核苷酸序列组成，没有跨膜结构域；整个 *orf157* 片段完全包含在 ATP 合成复合体 I 基因 *nad2* 中，位于第 2 个和第 3 个外显子之间（图 5 - 36c、图 5 - 36d）。

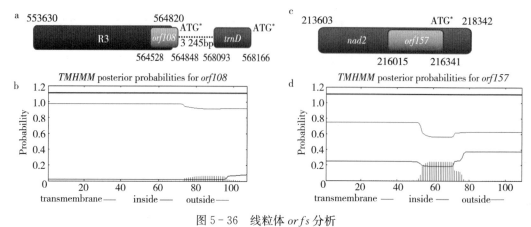

图 5-36　线粒体 *orfs* 分析

a，c：*orfs* 基因组结构　b，d：*orf108* 跨膜结构域预测，*orf157* 跨膜结构域预测

虽然以上 3 个 *orfs* 在不育系和保持系中都存在，但是实验室前期通过线粒体转录组分析证明 *orf157*、*orf105*、*orf108* 在保持系 2074B 中的表达量均低于不育系 2074A，结合 *lncR67* 在 2074B 中特异高表达的特性，*lncR67* 可能负调控 *orf157*、*orf105*、*orf108* 的表达模式，最终抑制 *orfs* 功能发挥。

5.4　讨论

5.4.1　棉花细胞质雄性不育相关 lncRNA 鉴定

细胞质雄性不育是创制棉花杂交种的有效手段之一，主要由线粒体基因组和细胞核基因组不协同作用引起。lncRNA 作为一类重要的调控非编码 RNA，可参与调控植物逆境胁迫响应、种子萌发、植物形态建成等。尽管在油菜[131]、拟南芥[207-208]、玉米[136]、水稻[132-135]、大白菜[137] 等多个物种中已经证实 lncRNA 可参与调控花粉发育，但是在棉花中仍没有报道。

随着四倍体棉花基因组的释放以及测序技术的不断发展，为探索棉花中 lncRNA 与育性相关性提供了便利条件。本研究利用二代测序对比分析了细胞质雄性不育系与细胞质雄性不育保持系花蕾发育两个时期的 lncRNA 表达情况，共得到 168.12 Gb 原始数据，经过参考基因组比对、转录本组装、蛋白编码基因同源序列剔除等多个严格的标准筛选，共鉴定得到 3 855 个 lncRNAs。尽管在预测 lncRNA 过程中使用的分析工具与前人一致，但是在 lncRNA 确定过程中，试验团队有自己较为严格的标准。首先，采用了 3 种计算方法对转录本序列的编码蛋白潜力进行预测，包括 CPC（coding potential calculator）[209]、CNCI（coding-non-coding index）[210] 和 CPAT（coding-potential assessment tool）[211]，保留 3 种计算方法预测编码能力都小于 0 的转录本留待进一步分析；其次，考虑到单个外显子转录本存在拼接错误的可能性较大，所以在本研究中，试验团队只选择了外显子个数≥2 的转录本进行分析[212]；再次，lncRNA 固有的表达量相对于蛋白编码基因低，为了保证预测得到的 lncRNA 可以正常行使功能，试验团队排除了 *FPKM* 值<0.1 的候选转录本；最后，尽管已经

证明有些 lncRNAs 具有编码 100 个氨基酸序列的潜力[103]，但是在本研究中，试验团队只选择开放阅读框编码小于 100 个氨基酸的转录本进行分析。lncRNA 在不同物种之间保守性较低，即使是在相同物种不同进化阶段的材料中，其保守性也较低。我们将陆地棉中 3 855 个 lncRNAs 与亚洲棉、雷蒙德氏棉及海岛棉的基因组进行比对，结果发现在陆地棉与亚洲棉中保守存在的 lncRNA 只有 1 500 多个，这一结果可能是由于四倍体棉种在整合了二倍体祖先种亚洲棉基因组后，基因组发生了重排或者编辑[157,205]。

lncRNA 和蛋白编码基因一样由 RNA 聚合酶Ⅱ转录产生，而且它们的表达模式都受到转录水平基于 3' 端修饰和降解的调控[110]。但是 lncRNA 和 mRNA 的表达模式却有很大的不同，在已发现的所有 lnRNA 中，几乎有一半具有组织特异表达的特性，而 mRNA 在各个组织表达的频率都很高[111]。大部分有功能注释的 lncRNA 都具有组织特异性，而且在生殖器官中特异表达的居多。例如，在鹰嘴豆中鉴定得到 641 个组织特异表达的 lincRNAs，其中有 280 个存在于花器官中[213]。在试验团队鉴定得到的 3 855 个棉花 lncRNAs 当中，有 307 个 lncRNAs 表现出组织特异性，其中 123 个 lncRNAs 在花蕾中特异高表达，76 个在花瓣中特异高表达，这一结果证明有超过一半的组织特异表达 lncRNAs 是在生殖器官中高表达的，与在玉米、水稻、人类中的研究结果相似[102-103,214]。123 个花蕾特异表达的 lncRNAs 中，有 63 个在不育系和保持系中呈现不同的表达模式，其中 16 个的 $FPKM > 10$。由于 lncRNA 表达丰度普遍低于 mRNA，而且大部分 lncRNA 的 $FPKM$ 值只有 1 左右，所以推测 $FPKM > 10$ 的 lncRNA 可能在植物生长发育过程中发挥更多的调控作用。lncRNA 行使功能的模式多种多样，在已经被证明发挥调控作用的 lncRNA 中，很大一部分都是通过与 miRNA 相互作用发挥功能的，比如 *PMS1T* 可以作为 miR2118 的靶基因，被 miR2118 切割后产生次级小 RNA 进一步影响植株雄性器官育性[135]；而 *LDMAR* 可能作为长度为 21 bp 的小 RNA 前体序列，通过加工产生小 RNA 后发挥调控功能[134]。lncRNA 作为 miRNA 的 eTM 可以有效调节 miRNA 及 miRNA 固有靶基因的表达模式，这一互作模式已经在多个物种中得到证实。在水稻和油菜中，*Osa-eTM160* 和 *bra-eTM160-2* 可以分别作为 osa-miR160 和 bra-miR160-5p 的 eTM 调节水稻和油菜雄性不育的发生[128,131]。本研究预测得到的 3 855 个 lncRNAs 和 333 个 miRNAs 当中，有 107 个 lncRNAs 与 miRNA 存在相互作用的关系，其中既包括 lncRNA 作为 miRNA 的前体序列、靶基因，又包括 lncRNA 充当 eTM 作用于 miRNA。对比棉花不育系和保持系不同时期花蕾的 lncRNA，试验团队发现有 187 个表达模式不同，其中 *TCONS_00091798* 和 *TCONS_00517240* 可以分别作为 miR827a 和 miRn75 的 eTM，并通过烟草瞬时转化试验得到验证。miR827a 和 miRn75 的靶基因 *PPR* 和 *AP2* 已被证实参与植物花器官发育和育性调控[18,182]，所以推测 *TCONS_00091798* 和 *TCONS_00517240* 在调控不育发生过程中也扮演着重要角色。

5.4.2　*lncR67* 调控油菜素甾醇合成并影响植株育性

lncRNA 主要通过调控蛋白编码基因发挥功能，分析 lncRNA 靶基因功能有利于进一步了解 lncRNA 在雄性不育发生过程中扮演的角色。结合 GO 功能注释和 KEGG 代谢通路分析，发现 187 个差异表达 lncRNAs 的靶基因主要参与植物激素信号转导、抗氧化胁迫、物质能量代谢、花粉细胞壁绒毡层形成等生物学过程，在这些生物学过程中，代谢发生异常均会引起植物雄性不育[3]。结合组织特异表达分析、差异表达分析、靶基因参与调控代谢通路分析以及 lncRNA 与 miRNA 相互作用分析，筛选得到了 16 个 lncRNAs 作为不育发生的候选 lncRNA。病毒介导的基因沉默（VIGS）是一种简单、快速、可靠、易转化的植物功能基因组验证手段，已经在番茄和棉花的 lncRNA 功能研究中得到了广泛应用[57,201,215-216]。本研究通过构建 VIGS 载体转化棉花，发现沉默 lncR67 的表达丰度对植物生殖器官生长发育具有重要影响。研究 lncR67 及其靶基因 Gh _ D11G1510 的表达模式，发现它们都在可育材料花蕾中特异高表达，证明它们可能共表达并且相互作用共同调控了生殖器官的发育。Gh _ D11G150 基因编码一个 22α 羟基化酶，此酶是 CYP90B 家族成员，在植株活性油菜素甾醇合成过程中通过催化第 22 个碳发生羟基化反应，属于油菜素甾醇合成过程中的限速酶[217]。CYB90B 和 CYP724B 属于细胞色素 P450 单氧酶（CYP450），是植物新陈代谢过程中最重要的一类酶[218]，在拟南芥中已被证实与节间生长及育性相关。敲除编码 CYP90B 蛋白的 DWF4 基因，拟南芥植株表现出同缺少油菜素甾醇相同的较为严重的表型症状，比如说严重的侏儒症状、成簇生长、叶片黑暗、顶端优势降低、延迟衰老、雄性不育等[219]。Gh _ D11G1510 编码蛋白属于 CYP450 蛋白家族中的一员，分析不同物种中 CYP450 蛋白的进化关系，发现棉花中的 CYP450 蛋白与水稻、小麦、烟草等物种中 CYP450 蛋白的亲缘关系较近，由此推测它们具有的功能相似，已有研究证明 CYP450 蛋白家族成员在小麦和水稻的育性调控中扮演着重要角色[47-49]。

Gh _ D11G1510 参与花粉壁细胞组装过程中的花粉外壁细胞形成，这一生物学过程已经在小麦、油菜等多个作物中被证实与雄性不育发生密切相关[131,220]。通过 KEGG 代谢通路分析，发现 Gh _ D11G1510 参与调控油菜素甾醇合成通路中重要的限速步骤。油菜素甾醇是一类在花粉中被发现的小分子植物激素，对调控植物生长发育过程如细胞分化和伸长、光形态建成、植物构造、开花、育性具有重要作用[221]。随着研究的不断深入，越来越多的证据证明油菜素甾醇对植物育性非常关键。首先，内源油菜素甾醇是在植物花器官和花粉中被发现的，所以它对花器官和花粉的发育一定有重要的作用[222]；其次，在水稻中证明超甲基化基因 OsBIM2 参与油菜素信号转导并最终影响植株育性[223]；此外，参与油菜素甾醇信号转导的两对同系物 LRR - RLKs、TMS10 和 TMS10L 已经被证明对调控减数分裂期后绒毡层细胞和花粉的发育非常关键，而且它们在不同温度条件下控制着植物育性[224]。通过对拟南芥中油菜素甾醇作用的研究，证明不管是油菜素甾醇合成突变体 cpd、油菜素甾醇响应突变体 bril - 116，还是油菜素甾醇信号转导突变体 bin2 - 1，突变体植株的可育花粉粒均会减少 90% 以上[46]。这一结果说明油菜素甾醇代谢过程中任一环节受到影响，均可能导致植株出现育性降低的现象。油菜素甾醇信号转导通路可以与生长素信号转导通路相互作用，彼此调节共同影响植物生长发育[51]。生长素是植物生长发育过程中重要的调节因子，大量研究证明，过高或过低的生长素含量均会引起植物育性的下降[33,37]。在前文研究结果中，miR393、miRn39、miRn48 等通过调控靶基因表达模式，参与植物油菜素甾醇和生长素的信号转导过程，所以试验团队推测这些非编码 RNAs 可能共同作用于植物激素合成和信号转导通路，影响油菜素甾醇和生长素正常功能发挥，最终引起植株雄性不育。

油菜素甾醇含量降低会影响植株生殖器官发育，但是当油菜素甾醇含量升高时，可以调控植物营养生长和响应逆境胁迫[225]。AtCYP85A2 是细胞色素 P450 单氧酶家族的一员，它对于催化油菜素甾酮转变为油菜素甾醇具有双重功效[225]。在拟南芥中，过表达 AtCYP85A2 可以显著促进拟南芥营养生长和生殖生长，与对照植株相比，转基因拟南芥拥有大量成簇的叶片和较长的叶柄，株高和分枝数也明显上升，此外，每个长脚果中的种子数量也增加了近 30%[226]。在拟南芥和番茄中分别过表达 AtDWF4，使得转基因植株单位面积内的生物量都有明显的提高，转基因拟南芥更是因为分枝数的增多使得种子总量几乎增加了 60%[227]。同样的结果在过表达转化玉米基因 Zm-CYP、水稻基因 Os-CYP、拟南芥基因 At-gCYP 的水稻植株中都有发现[228]。本研究结果表明，在棉花中沉默 lncRNA67 会降低 CYP 家族基因的表达量，推测 TCONS_00473367 对靶基因 CYP 具有正向调控作用。过表达 TCONS_00473367 烟草植株中，可能由于 CYP 家族基因受到 TCONS_00473367 调控而表达量上升，导致油菜素甾醇合成增多，转基因烟草表现出分枝数增多、花序总数增加和开花期提前的表型性状。

Chapter 6

棉花细胞质雄性不育系和保持系线粒体蛋白质组差异分析

线粒体基因组与核基因组不协调互作是引起细胞质雄性不育的主要原因，植物线粒体基因组较大而且存在动态变化，这种动态变化不仅可以促使线粒体基因组快速进化，还可以产生大量的重复序列和嵌合基因，引起细胞质雄性不育。蛋白质是基因发挥功能的最终形式，前人研究证实，与植物细胞质雄性不育发生相关的基因都会被翻译为蛋白质行使功能。基于蛋白质组差异分析解释细胞质雄性不育发生机制已在水稻、胡椒、油菜等作物中得到了广泛应用[143,229-230]，但是线粒体蛋白质组的研究报道到目前为止还不是很多。本研究结合蔗糖密度梯度法和CTAB裂解法提取棉花花蕾线粒体蛋白质，利用DIA技术分析哈克尼西棉的细胞质雄性不育系2074A和细胞质雄性不育保持系2074B花药发育减数分裂期至花粉双核期线粒体蛋白质的差异，挖掘引起棉花细胞质雄性不育相关的酶类和代谢通路，为从线粒体蛋白质组水平揭示棉花细胞质雄性不育机理奠定基础。

6.1 试验材料

哈克尼西棉细胞质雄性不育系2074A、哈克尼西棉细胞质雄性不育保持系2074B花粉发育处于四分体至双核期的花蕾（横径：1.5～9.0 mm），用于线粒体蛋白质提取。

2074A、2074B、恢复系E5903、杂交种 F_1（2074A×E5903）的花蕾（横径：1.5～9.0 mm），剥去苞叶、萼片、花瓣、胚珠后，提取RNA用于相对表达量检测。

6.2 试验方法

6.2.1 线粒体分离

试验尽量在冰上操作，具体步骤参照中国专利：一种提取棉花的线粒体DNA的方法，证书号：201010033946.X。

6.2.2 线粒体蛋白质提取

分离得到线粒体后，提取线粒体蛋白质，具体步骤参照中国专利：一种提取棉花的线粒体及其蛋白质的方法，证书号：ZL 201610217260.3.

6.2.3 蛋白还原烷基化及 Trypsin 酶解

（1）将总量为 $60\,\mu g$ 的蛋白溶液放入 EP 管，向其中加入 $5\,\mu L$ 浓度为 1mol/L 的 DTT 溶液，上下颠倒混匀后，37℃条件下静置 1 h；向以上 EP 管中加入 $20\mu L$ 浓度为 1mol/L 的 IAA 溶液，混匀后于黑暗条件下反应 1 h；

（2）将以上样品加入超滤管中，离心、弃废液；再向超滤管中加入 $100\,\mu L$ UA 溶液，离心、弃废液，此步骤重复两次；

（3）向超滤管中加入 $100\,\mu L$ 浓度为 50 mmol/L 的 NH_4HCO_3 溶液，离心、弃收集液，重复 3 次；

（4）使用新的收集管，按照蛋白和酶 50：1 的比例在超滤管中加入 Trypsin，37℃酶解过夜。

6.2.4 DDA 预实验与质谱分析

所有样本等量混合后构建一个蛋白 Mix，进行 3 次 DDA 质谱分析。

每份样品采用纳升流速 HPLC 液相系统进行分离。色谱柱以 95％的 A 液平衡。样品由自动进样器上样到质谱预柱，再经分析柱分离，流速及相关液相梯度如表 6-1 所示。

表 6-1 液相色谱洗脱梯度参数

时间/min	A（0.1％ FA，H_2O）/％	B（0.08％ FA，80％ACN）/％	流速/（nL/min）
0	95	5	600
15	90	10	600
71	70	30	600
83	55	45	600
84	5	95	600
90	5	95	600

每份样品经毛细管高效液相色谱分离后用 Orbitrap Fusion Lumos 质谱仪（Thermo Scientific）进行质谱分析。

6.2.5 生物信息学分析

6.2.5.1 数据搜索

用软件 Sequest HT 和 Proteome Discoverer（Thermo Scientific）进行原始数据 RAW 文件的搜库定性及定量分析。本次分析使用的参考数据库为陆地棉蛋白质功能注释文件：

uniprot-gossypium-20160815. fasta，搜库时通过 Proteome Discoverer 将 RAW 文件提交至 Sequest HT 服务器，选择已经建立好的数据库，进行数据库搜索，结果过滤参数为：肽段 FDR ≤ 0.01。

6.2.5.2　显著性差异蛋白质

以 2 倍的差异倍数（FC＝fold change）为阈值，进行差异蛋白筛选。$FC \geqslant 2$ 且 $P \leqslant 0.05$ 为上调（up），$FC \leqslant 0.5$ 且 $P \leqslant 0.05$ 为下调（down），$0.5 < FC < 2$ 认为表达量无明显变化。

6.2.5.3　差异蛋白功能分析

通过比对 GO（http：//www.geneontology.org/）和 Uniprot（http：//www.uniprot. org）数据库对差异蛋白进行功能注释分类，重点关注在两个数据库注释相同的功能蛋白质。利用 STRING（http：//string-db.org/）数据库进行蛋白质-蛋白质相互作用分析，以拟南芥基因组作为参考基因组。

6.2.5.4　亚细胞定位分析和组织特异分析

将差异蛋白序列分别提交至 TargetP 1.1（http：//www.cbs.dtu.dk/services/TargetP/；）、WoLF PSORT（https：//www.genscript.com/wolf-psort.html）、Predotar（https：//urgi.versailles.inra.fr/predotar/）数据库[231-232]，进行信号态序列分析。通过公共平台获得棉花叶片、根、纤维、花药的蛋白质，结合本研究棉花花蕾蛋白质，分析蛋白质组织的特异存在情况。

6.2.6　荧光定量 PCR 分析

qRT－PCR 分析差异蛋白对应基因的相对表达量，具体操作步骤参照 4.2.4.2。

6.3　结果与分析

6.3.1　棉花花蕾线粒体蛋白质鉴定

为了阐明棉花细胞质雄性不育的发生机制，试验团队结合蔗糖密度梯度法和 CTAB 裂解法提取了 2074A 和 2074B 花蕾线粒体蛋白质，旨在通过分析两系材料间差异的线粒体蛋白质，揭示雄性不育现象的产生机理。

线粒体蛋白质组测序与分析流程如图 6-1 所示，首先在清晨取不育系材料和保持系材料的横径为 1.5～9.0 mm 的幼蕾。拔掉外侧花托及胚珠后，利用蔗糖密度梯度法提取花蕾线粒体，得到完整线粒体后采用 CTAB 裂解法提取线粒体蛋白质；SDS－PAGE 检测蛋白质质量，酶切后进行质谱分析，检测蛋白质数据并进行 count 数统计；最后分析差异表达的蛋白质并进行相应的功能分析。

根据测序结果，在本试验中共检测到 22 302 个肽段和 15 885 个 unique 肽段，肽段长度集中在 7～18（图 6-2）。在两个不同材料中，哈克尼西棉细胞质不育系 2074A 共检测到 2 002 个不同的蛋白质，在保持系 2074B 共检测到了 1 972 个（图 6-3a）。

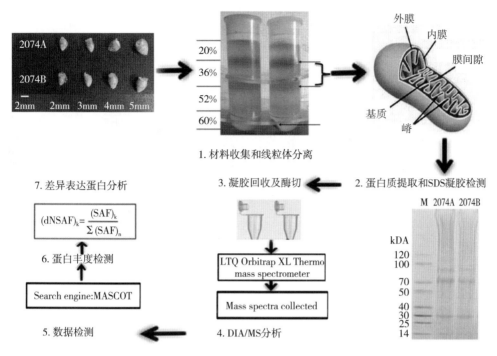

图 6-1 线粒体蛋白质提取及分析流程

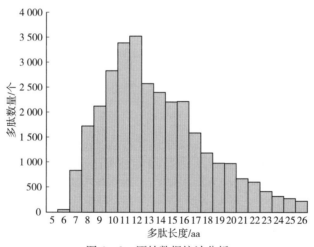

图 6-2 原始数据统计分析

6.3.2 特异蛋白质分析

为了筛选与不育发生相关的蛋白质，试验团队对 2074A vs 2074B 差异蛋白质进行了分析。以 Fold Change≥2 或≤0.5 且 P≤0.05 作为判断差异表达的标准。结果如图 6-3b 所示：在 2074A 与 2074B 对比分析中，2074A 中特异存在的线粒体蛋白质有 40 个，而在 2074A 中特异高表达的蛋白质有 66 个，所以判定 2074A 相对于 2074B 特异蛋白质共有 106 个；而 2074B 中特异存在的蛋白质有 17 个，特异高表达的蛋白质有 63 个，所以

2074B 相对于 2074A 特异蛋白质共有 80 个。由差异蛋白火山图可以看出，在两系间特异蛋白质中，大部分表达丰度差异倍数都在 4 倍以上（图 6-3c）。

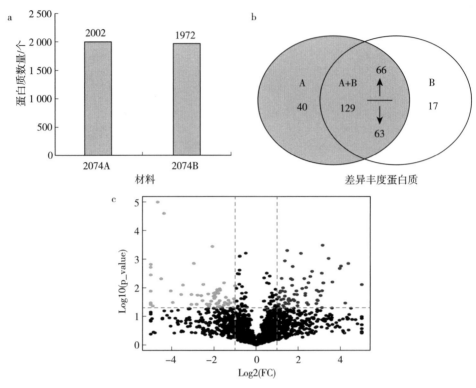

图 6-3 2074A 与 2074B 蛋白质及特异蛋白质统计

a：2074A 和 2074B 中蛋白总数 b：2074A（A）和 2074B（B）中差异蛋白对比 c：差异蛋白火山图
"↑"和"↓"分别表示表达丰度上调和下调 "A + B"表示对比分析组中鉴定到的差异蛋白

6.3.3 特异蛋白功能分析

对 2074A 与 2074B 中特异蛋白质进行功能注释，分别分为 2074A 上调表达蛋白（up）、2074A 下调表达蛋白（down）及两系间差异存在蛋白（absence）3 种类型。GO 功能注释结果如图 6-4 所示，从图中可以看出，在 2074A 中高表达的蛋白质主要参与分子结构活性、分子功能调节、电子传递活性、转运活性等过程；而在 2074B 中特异高表达的蛋白质主要调节生殖器官生长发育、植株生长、氨基酸结合转录因子活性以及抗氧化剂活性等生物学过程；而在 2074A 与 2074B 中特异存在的蛋白质主要参与信号转导、免疫系统过程以及细胞和细胞组分。

为了进一步研究这些特异蛋白质在不同材料中扮演的生物学功能，试验团队对 GO 功能注释结果进行了深层次的挖掘，结果发现这些蛋白质在响应活性氧代谢、激素介导的信号转导、ATP 合成、毒性物质代谢、油菜素甾醇合成、细胞壁合成、花粉发育与形成、细胞程序性死亡调节、生长节律调节等生物学过程中扮演重要角色（图 6-5），这些生物学过程已被证明与植物雄性不育发生密切相关。

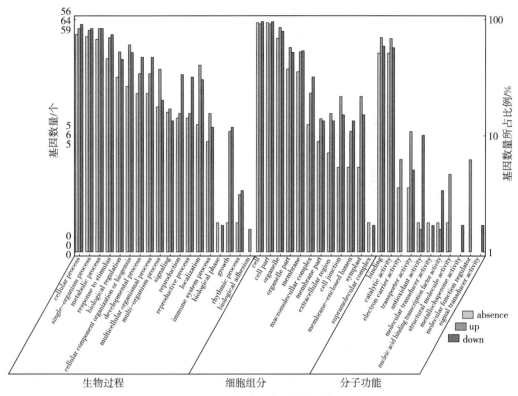

图 6-4 特异蛋白质功能分析

up：2074A 中特异高表达的蛋白质 down：2074A 中特异低表达的蛋白质 absence：2074A 或 2074B 中特异存在的蛋白质 cellular process：细胞学过程 single-organism process：单组织的过程 metabolic process：代谢过程 response to stimulus：响应刺激 biological regulation：生物调控 cellular component organization or biogenesis：细胞组成、组织或生物发生 developmental process：发育过程 multicellular organismal process：多细胞有机体过程 multi-organism process：多组织过程 signaling：信号 reproduction：生殖 reproductive process：生殖过程 localization：定位 immune system process：免疫系统过程 biological phase：生物学阶段 growth：生长 rhythmic process：节律过程 biological adhesion：生物黏附 cell：细胞 cell part：细胞组分 organelle：器官 organelle part：器官组分 membrane：膜 macromolecullar complex：大分子复合物 membrane part：膜组分 extracellular region：细胞外区域 cell junction：细胞连接 membrane-enclosed lumen：膜通道 symplast：共质体 supramolecular complex：超分子复合体 binding：结合 catalytic activity：催化活性 electron carrier activity：电子传递活性 transporter activity：转运活性 antioxidant activity：抗氧化活性 molecular transducer activity：分子转换活性 nucleic acid binding transcription factor activity：核酸结合转录因子活性 structural molecule activity：结构分子活性 metallochaperone activity：金属伴侣活性 molecular function regulator：分子功能调节剂 signal transducer activity：信号转导活性

6.3.4 组织特异分析及蛋白亚细胞定位预测

为了分析在棉花生殖器官中特异存在的蛋白质，通过文献阅读并下载了在陆地棉其他组织器官中检测到的蛋白质进行对比分析。试验团队获得了棉花叶片、根、纤维、花药的蛋白质数据，在以上组织中，前人研究分别获得了 1 302、544、1 758 和 3 848 个蛋白质（图 6-6a）。通过将各个组织中的蛋白质 ID 号与花蕾组织中蛋白质 ID 号分别取交集，结果发现在花蕾和叶片中共同存在的蛋白质有 350 个，在花蕾和根中共同存在的蛋白质有

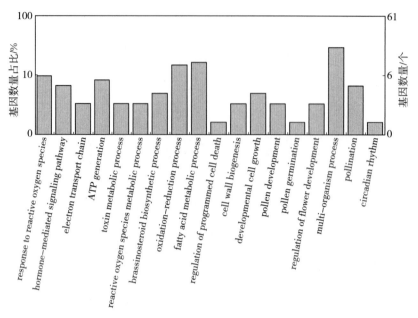

图 6-5　特异蛋白质的 GO 注释分析

response to reactive oxygen species：活性氧响应　hormone-mediated signaling pathway：激素介导的信号通路　electron transport chain：电子传递链　ATP generation：ATP 合成　toxin metabolic process：毒性分子代谢过程　reactive oxygen species metabolic process：活性氧代谢过程　brassinosteroid biosynthetic process：油菜素甾醇合成代谢过程　oxidation-reduction process：氧化还原过程　fatty acid metabolic process：脂肪酸代谢过程　regulation of programmed cell death：细胞程序性死亡调控　cell wall biogenesis：细胞壁生物合成　developmental cell growth：细胞生长发育　pollen development：花粉发育　pollen germination：花粉萌发　regulation of flower development：花器官生长发育调控　multi-organism process：多组织过程；pollination：授粉　circadian rhythm：生物钟

153 个，在花蕾和纤维中共同存在的蛋白质有 362 个，除去在不同组织中共同存在的蛋白质，在陆地棉花蕾中特异存在的蛋白质共有 1 041 个，在这 1 041 个花蕾蛋白质中，有579 个是在花药中存在的（图 6-6a）。花药发育异常是引起细胞质雄性不育发生的关键因素，在预测得到的 2074A 或 2074B 特异蛋白质中，有 49 个在花药中特异存在，这些在花药中特异存在且在两系间表达丰度不同的蛋白质可能对雄性器官的正常生长发育具有重要的调控作用（图 6-6b）。

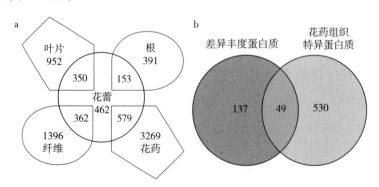

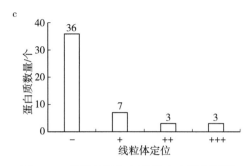

图 6-6 线粒体及组织特异表达蛋白预测

a：组织特异蛋白分析，包括花蕾、根、叶片、纤维和花药 b：差异蛋白与花药特异蛋白维恩图 c：亚细胞定位预测，其中＋表示有一个软件预测结果定位在线粒体，＋＋表示两个软件预测结果都定位在线粒体，＋＋＋表示三个软件预测结果定位在线粒体，－表示没有定位线粒体

根据氨基酸 N 端序列特征，很多软件可以用来预测蛋白质的亚细胞定位。在本研究中，我们使用 TargetP、WoLF PSORT 和 Predotar version3 个网站分别对 2074A 及 2074B 中预测得到的 49 个花药特异蛋白质进行了亚细胞定位分析。预测结果如图 6-6c 所示，共有 13 个蛋白质定位在线粒体中，其中 7 个只是在一个网站预测结果定位线粒体，有 3 个蛋白质在两个不同网站预测结果都定位在线粒体，而另外 3 个蛋白质在 3 个预测网站结果都显示定位在线粒体中。由于不同预测网站参数设置和定位原理不同，根据文献报道及实际分析的必要性，试验团队把任一网站预测结果定位在线粒体的蛋白质确认为该蛋白在线粒体中发挥作用。整理以上差异蛋白、组织特异蛋白以及亚细胞定位预测结果，花蕾组织特异存在的蛋白质共有 1 041 个，其中 579 个主要在花药中发挥功能。在 2074A 或 2074B 中特异的 186 个蛋白质中，有 49 个为花药特异存在，其中 13 个定位在线粒体中发挥作用。花药特异存在、定位在线粒体发挥功能、在保持系或不育系中特异，以上 3 个条件同时满足，具备引起细胞质雄性不育发生的所有前提，所以试验团队将这 13 个蛋白质预测为细胞质雄性不育发生候选蛋白质，接下来着重分析这些蛋白质的功能。

6.3.5 雄性不育发生候选蛋白功能预测

利用 Uniprot 蛋白功能分析网站对花药组织特异存在且在不育系 2074A 和保持系 2074B 中差异表达的 49 个蛋白质进行功能分析，结果显示这些蛋白质主要参与催化活性、碳水化合物代谢、细胞伸长与分裂、氧化还原反应、蛋白质修饰、翻译调控、信号转导、胁迫响应、转运活性、脂肪酸代谢、细胞死亡、细胞壁骨架构建、蜡状物和角质层组装等 17 类生物学过程（图 6-7）。其中蛋白质 *A0A0D2N7L4* 为丝氨酸/苏氨酸蛋白磷酸激酶，在不育系 2074A 中特异高表达，参与细胞死亡生物学过程的发生，可能对花粉粒异常生长具有重要影响；蛋白质 *A0A0D2MTL9* 是一个脂质转移蛋白，参与蜡状物和角质层的沉积作用，蜡状物和角质层是花粉外壁细胞形成的主要物质基础，而这一蛋白质在不育系中表达丰度显著低于保持系，可能是导致不育系花粉粒不能正常形成的主要原因。在保持系 2074B 中特异高表达的 *A0A0B0P992*、*A0A0B0PPH5*、*A0A0D2N4V0* 蛋白分别参与碳水化合物代谢过程，可为花药发育提供必要的物质和能量基础，在不育系中表达丰度降低可能对花粉粒正常发育不利。此外，*A0A0D2SZ74*、*A0A0D2PMP1*、*A0A0B0MM80*、*A0A0D2T6J9*、*A0A0D2SNS1* 在花药中特异存在，且两系间表达模式不同，此外，*A0A0B0MM80*、*A0A0D2T6J9* 被预测为线粒体定位蛋白，可能通过调控氧化还原反应影响雄性器官的发育。脂肪酸代谢可为花粉壁细胞形成提供物质基础，两系间差异蛋白 *A0A0D2MXR0*、*A0A0D2N330* 参与调控脂肪酸代谢过程可能间接调控了花粉粒的形成。*A0A0D2Q298*、*A0A0D2Q058*、*A0A0D2MDA5* 这 3 个蛋白经预测均定位在线粒体发挥功能，而且这 3 个蛋白质全部参与细胞伸长和分裂生物学功能。3 个亚细胞定位预测网站预测结果均显示 *A0A0D2RJW9* 定位在线粒体发挥功能，而且 *A0A0D2RJW9* 参与调控线粒体蛋白质的翻译，可能对线粒体功能发挥具有重要影响。

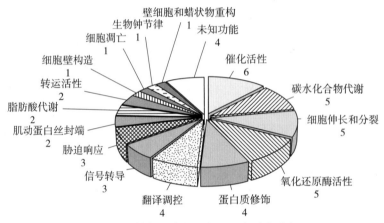

图 6 - 7　雄性不育发生候选蛋白功能分析

6.3.6　转录组与蛋白质组相关性分析

蛋白质虽然是基因表达的直接产物，但是由于转录后以及翻译和翻译后水平的修饰，蛋白质的表达丰度往往与基因表达模式并不完全相同。为了分析蛋白质表达模式与基因表达模式的相关性，通过 CottonGen blast（https：//www. cottongen. org/blast/）比对蛋白质序列获得对应的基因，结合实验室前期完成的相同材料相同组织的转录组分析结果，试验团队发现基因在转录组水平与蛋白质组水平表达模式的关系可分为 3 种类型。第一种为转录水平与蛋白水平的变化模式一致；第二种为蛋白水平的表达模式改变，但转录水平没有变化；第三种为蛋白水平表达模式与转录水平表达模式的变化趋势正好相反。试验团队主要对 2074A 与 2074B 差异表达或存在的 186 个蛋白质进行了分析，结果显示，在这 186 个蛋白质中，绝大部分蛋白质与对应基因在两种水平的表达模式不同，只有 22 个蛋白质在转录水平与蛋白水平表达模式变化趋势一致，而这些表达模式一致的蛋白质大部分都是在不育系中下调表达的。在其余 164 个蛋白质中，有 13 个在两种水平表达模式相反，剩余的 151 个在转录水平表达模式没有发生显著变化，而在蛋白水平有显著差异。这一结果说明基因在转录完成后，后期水平的修饰，包括转录后、翻译及翻译后水平的修饰对蛋白质的表达模式具有重要影响。

6.3.7 差异蛋白相对表达量分析

以棉花不育系材料 2074A，可育系材料包括保持系 2074B、恢复系 E5903、杂交种 F_1 花粉发育减数分裂期至双核期花蕾 cDNA 为模板，用 qRT-PCR 方法验证差异蛋白所对应基因在各个材料中的表达模式。筛选了 16 个雄性不育发生候选功能蛋白进行验证，蛋白质对应的基因 ID 号及功能注释见表 6-2。结果如图 6-8 和图 6-9 所示，在 16 个候选蛋白中，有 13 个在不育和可育材料中表达模式完全相反，而且其中有 10 个都具有显著或极显著差异。蛋白 A0A0D2MTL9、A0A0D2U7C5、A0A0B0MM80、A0A0B0NMQ7、A0A0D2MDA5 所对应基因在 3 个可育系材料花蕾中的表达量均极显著高于不育系，而且 A0A0D2MTL9、A0A0D2U7C5、A0A0B0MM80、A0A0B0NMQ7、A0A0D2MDA5 在转录水平与蛋白水平的表达模式变化一致。A0A0D2MTL9 为脂质转运蛋白，对脂质的合成与运输具有重要作用，脂质是花粉细胞壁形成的关键基础物质，不育材料中缺乏这种蛋白，可能导致花粉合成出现异常。A0A0B0MM80 是 HSP20 分子伴侣蛋白超家族成员，在氧化胁迫响应过程中具有扮演关键角色，而且 A0A0B0MM80 被预测为线粒体定位蛋白，可能参与维持可育材料线粒体内部氧化还原平衡。A0A0D2MDA5 也定位在线粒体发挥功能，对细胞分裂和延长具有重要调控作用。这些蛋白在可育材料中的表达丰度均极显著高于不育材料，有的甚至超过 70 000 倍，巨大的表达丰度差异可能影响功能的发挥，导致植株生殖器官发育呈现出不同的表型性状。A0A0D2U7C5 是一个线粒体定位的小的热激蛋白，而且在本研究使用 3 个不同定位软件的预测结果均为 A0A0D2U7C5 可定位在线粒体发挥功能。低分子量的热激蛋白可以参与逆境胁迫响应，也可以与 SOD2 结合参与抗氧化胁迫。A0A0D2U7C5 对应基因在 3 个可育系中的表达丰度均极显著高于不育系，因而推测这个蛋白在维持植株线粒体功能正常运转方面具有重要作用。在可育材料中上调表达的蛋白，大多参与碳水化合物代谢、氧化还原反应、信号转导等过程。而在不育材料中上调表达的蛋白，如 A0A0D2N7L4，编码一个丝氨酸/苏氨酸蛋白磷酸激酶，在细胞死亡这一生物学过程中发挥重要调控作用。A0A0D2N7L4 为不育系特异存在蛋白，而且在利用 qRT-PCR 检测对应基因相对表达量时，在不育材料中的表达量高于所有可育材料。除了以上提到的蛋白质，一些其他蛋白质在不育材料和可育材料中也呈现出完全相反的表达模式，但是它们在转录水平与蛋白水平表达模式变化趋势不同（图 6-8、图 6-9）。此外，个别蛋白质对应基因虽然在不育系和可育系中存在差异表达，但是表达模式并没有在不育系和可育系中表现出统一的变化趋势，如 A0A0D2RJW9 对应基因的表达量在可育系 2074B 中显著高于不育系 2074A，但是在可育系 E5903 和 F_1 中却低于不育系，这一结果说明该基因表达可能具有种属特异性（图 6-9），蛋白功能还需要进一步研究。

表 6-2 qRT-PCR 验证蛋白的功能分析

蛋白 ID	基因 ID	蛋白	功能
A0A0D2N7L4	*Gh_A07G0770*	Serine/threonine protein phosphatase	细胞凋亡
A0A0B0MEF2	*Gh_A03G0910*	Tetratricopeptide repeat (TPR) -like superfamily protein	未知功能

（续）

蛋白 ID	基因 ID	蛋白	功能
A0A0D2TY19	*Gh_D05G2783*	Galactose oxidase/kelch repeat superfamily protein	生物钟节律
A0A0B0PPH5	*Gh_A06G1930*	FAD-dependent oxidoreductase family protein	碳水化合物代谢
A0A0D2Q298	*Gh_D07G1853*	Vacuoleless1（VCL1）	细胞伸长和分裂
A0A0D2RJW9	*Gh_A03G0618*	Mitochondrial glycoprotein family protein	翻译调控
A0A0D2T6J9	*Gh_D12G2745*	Monodehydroascorbate reductase 6	氧化还原酶活性
A0A0D2VSB7	*Gh_A10G2006*	Glucose-1-phosphate adenylyltransferase family protein	细胞壁重构
A0A0D2U7C5	*Gh_D12G1971*	Mitochondrion-localized small heat shock protein	胁迫响应
A0A0D2MXR0	*Gh_D08G1196*	3-ketoacyl-acyl carrier protein synthase I	脂肪酸代谢
A0A0B0MM80	*Gh_A11G1250*	HSP20-like chaperones superfamily protein	氧化还原酶活性
A0A0D2U752	*Gh_Sca109537G01*	Preprotein translocase Sec，Sec61-beta subunit protein	翻译调控
A0A0D2RJH5	*Gh_D03G0623*	Villin 2	肌动蛋白丝封端
A0A0D2MTL9	*Gh_D08G0388*	Lipid transfer protein 6	壁细胞和蜡状物重构
A0A0D2MDA5	*Gh_D01G1645*	S phase kinase-associated protein 1	细胞伸长和分裂
A0A0B0NMQ7	*Gh_A11G2987*	Phospholipid/glycerol acyltransferase family protein	三羧酸循环

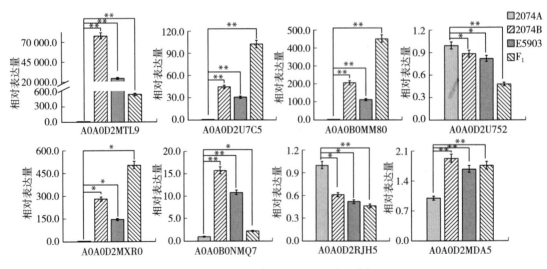

图 6-8　差异蛋白 qRT-PCR 验证分析

*表示差异显著（$P<0.05$）　**表示差异极显著（$P<0.01$）

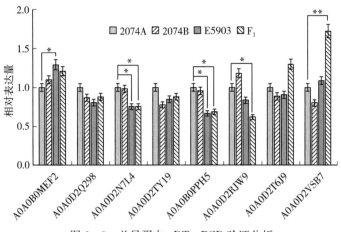

图 6 - 9　差异蛋白 qRT - PCR 验证分析

＊表示差异显著（$P < 0.05$）　　＊＊表示差异极显著（$P < 0.01$）

6.3.8　CMS 发生相关蛋白质互作网络分析

上述分析结果显示，蛋白质 A0A0B0MM80、A0A0D2MTL9、A0A0D2N7L4、A0A0B0NMQ7、对应基因在不育材料和可育材料中表达模式具有显著或极显著差异，而且转录水平与蛋白水平的表达模式在两系材料中的变化趋势一致。为了分析这 4 个蛋白质的作用模式，试验团队分别构建了蛋白-蛋白互作网络图。由于在 STRING 数据库中没有陆地棉参考基因组，所以选择了模式植物拟南芥的基因组作为参考进行分析。在 4 个差异蛋白质中，A0A0B0MM80 在可育系的表达量极显著高于不育系，它与拟南芥中 AT5G37670 蛋白属于同源蛋白。与 AT5G37670 相互作用的蛋白质大多为热激蛋白，例如：HSP101、Hsp70b、HSP90.1、HSA32、MBF1C、ACD32.1 等，它们可以与分子伴侣相互结合维持其他蛋白质的稳定性，而且可以在细胞质中调节新合成蛋白质的折叠与组装。这些分子伴侣还可以响应氧化胁迫和其他逆境胁迫（图 6 - 10a）。A0A0D2MTL9 与拟南芥 LTP6 蛋白的同源性较高，与 LTP6 互作的蛋白质包括 ENODL14、ENODL4、ENODL15、XYP2、PME5、AT2G15325、AT3G53980、AT5G65660、AT5G38195、AT4G29030，这些蛋白质绝大多数为脂质转运蛋白，可能参与脂质运输，对花粉细胞壁形成具有重要影响，而且脂质也是花粉细胞壁的主要成分，脂质的状态决定着花粉能否正常形成（图 6 - 10b）。AT3G21660 是 A0A0D2N7L4 在拟南芥中的同源蛋白，它与 AtC-DC48B、AtCDC48C、CDC48、AT3G23605、AT4G14250、SQN 以及其他蛋白质相互作用，这些蛋白质通过调节细胞分裂及分化，参与调控植物生长，对调节植物花蕾定位以及生成花器官和花叶原基具有重要影响（图 6 - 10c）。拟南芥中与 A0A0B0NMQ7 同源的蛋白为 At1g32200，属于磷脂/甘油酰基转移酶家族蛋白，与 At1g32200 互作的蛋白质包括 ATS2、PDAT、AT2G23390、GPAT8、GPAT4、GPAT5、GPAT6、DGAT2、LPLAT1 等，GPAT8、GPAT4、GPAT5、GPAT6 都属于 GPAT / DAPAT 家族蛋白，编码具有甘油-3-磷酸酰基转移酶活性的蛋白质，参与角质层组装，角质层是花粉粒壁细胞的主要成分，角质层的状态决定了花粉粒能否正常发育；此外，PDAT 为磷脂二酰基甘油酰基转移酶，参与种子中的环氧和羟基脂肪酸积累，与 DAG1 互补，对于三酰基甘油的合成以及种子和花粉的正常发育非常关键（图 6 - 10d）。

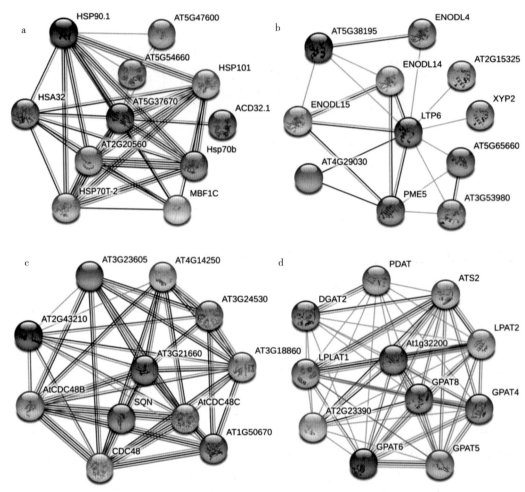

图 6 - 10　不育材料和可育材料差异蛋白质互作网络图

a：A0A0B0MM80（AT5G37670）　b：A0A0D2MTL9（LTP6）　c：A0A0D2N7L4（AT3G21660）

d：A0A0B0NMQ7（At1g32200）　球形标志表示蛋白质编号

6.3.9　关键线粒体蛋白功能验证

根据上述分析结果，试验团队发现 A0A0D2U7C5、A0A0D2MTL9、A0A0B0MM80、A0A0D2MXR0 在可育系 2074B 花蕾中特异高表达，而 A0A0D2N7L4 在不育材料 2074A 或 2074S 中特异高表达。为了验证以上蛋白质是否参与棉花花粉育性调控，利用病毒介导的基因沉默技术分别在 2074B 和 2074A 中沉默了高表达蛋白对应的基因。结果发现，在可育系 2074B 中沉默 A0A0B0MM80 可导致部分花药出现致死性（图 6 - 11），这些花药只含有有限数量的花粉粒，而且花粉粒是败育的，KI - I$_2$ 染色较浅。A0A0B0MM80 对应的蛋白编码基因 *Gh _ A11G1250* 在转基因植株花蕾中的表达丰度显著低于受体植株，而且与 *Gh _ A11G1250* 共表达的 10 个基因也表现出类似的表达模式变化。此外，12 个与

Gh_A11G1250 互作蛋白对应基因的表达模式均发生了改变。这 22 个蛋白主要参与叶绿素生物合成以及光周期、四氟咯生物合成，这些生物学过程均与开花有关。根据前期的转录组测序结果，以上大多数蛋白在细胞质雄性不育系 2074A 和细胞质雄性不育保持系 2074B 之间具有不同的表达模式。此外，与 *Gh_A11G1250* 相互作用的其他蛋白主要参与光合作用、昼夜节律、光系统Ⅰ反应中心、转录调控因子和磷传递信号转导，可能与 *Gh_A11G1250* 共同调控棉花的花粉发育。

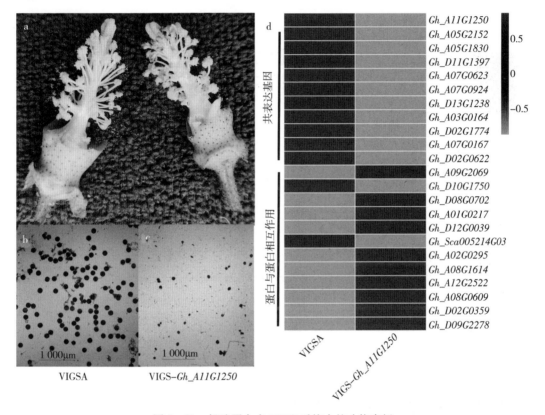

图 6-11 候选蛋白在 VIGS 系统中的功能表征

a：沉默系与对照相比表型异常的代表性花 b：VIGSA 花粉粒的 KⅠ-I₂ 染色 c：VIGS-*Gh_A11G1250* 花粉粒的 KI-I₂ 染色 d：沉默植株和对照植株中 *Gh_A11G1250* 及其共表达和互作蛋白的相对转录水平

6.3.10 *Gh_A11G1250* 调控棉花育性通路分析

综上所述，在 2074B 中沉默 *Gh_A11G1250* 导致部分花药败育。*Gh_A07G0924*、*Gh_A07G0623*、*Gh_D02G0622*、*Gh_A03G0164*、*Gh_D11G1397*、*Gh_A05G1830* 与 *Gh_A11G1250* 相互作用，在野生型 2074B 中的表达丰度高于野生型 2074A（图 6-12）。但在 VIGS-*Gh_A11G1250* 品系中，这些基因均相对阴性对照呈下降趋势（图 6-11），说明这些参与氧化磷酸化的基因对花粉正常发育很重要。有趣的是，其他相互作用的蛋白质如 *Gh_A01G0217*、*Gh_D09G2278*、*Gh_A02G0295*、*Gh_D02G0359*、*Gh_A12G2522*、*Gh_D12G0039*、*Gh_A09G2069* 在 2074A 和 VIGS-*Gh_A11G1250* 中均表

现出与 *Gh_A11G1250* 相反的表达模式（图 6-11），它们与光系统有关，对复合体Ⅰ的功能和 ATP 的产生至关重要（图 6-12）。上述基因表达模式的改变会导致复合体Ⅰ缺乏和 ATP 合成受阻，从而引起线粒体功能障碍和 ROS 升高。此外，A0A0D2N7L4（*Gh_A07G0770*）、A0A0D2TNF9（*Gh_D05G1908*）是丝氨酸/苏氨酸蛋白酶，在细胞质雄性不育系中特异性表达较高。这些蛋白的突变或表达模式的改变导致蛋白酶体功能障碍、线粒体损伤、磷酸化异常、氧化胁迫，最终导致细胞死亡（图 6-12）。

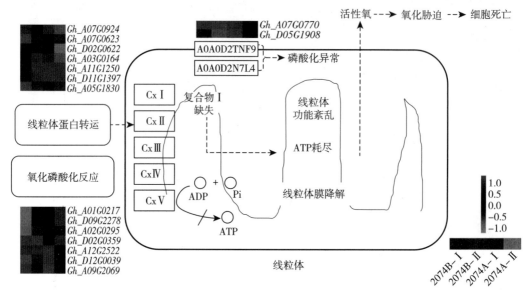

图 6-12　棉花 *Gh_A11G1250* 基因调控花粉败育模型及其互作蛋白调控网络预测

6.4　讨论

6.4.1　棉花不育系与保持系线粒体蛋白分析

蛋白质是功能基因的最终执行者，已经证明的雄性不育相关基因大部分都需要被翻译为蛋白质行使功能，蛋白质组学研究表明蛋白水平的差异对植物雄性不育发生具有重要影响。水稻雄性不育系与可育系蛋白质组对比分析结果显示，参与蛋白质合成、信号转导、细胞死亡等生物学过程的差异蛋白在花粉败育过程中扮演着重要角色[229]。在油菜雄性不育系中发现与碳水化合物及能量代谢、类黄酮类合成、光合作用相关的蛋白质明显减少或表达量降低，证明这些蛋白质在雄性器官生长过程中具有重要作用，缺失或者丰度降低可能影响物质或能量积累，导致雄蕊发育异常[230]。胡椒雄性不育系与可育系对比分析发现，两系间分别存在 75 个和 62 个特异蛋白质，这些蛋白质参与花粉外壁细胞形成、丙酮酸盐代谢、三羧酸循环、线粒体电子链传递等过程，可能对雄性器官的发育产生重要影响[17,143]。本研究分析了哈克尼西棉的细胞质雄性不育系 2074A 与细胞质雄性不育保持系 2074B 减数分裂期至双核期花蕾中线粒体蛋白质组的差异，结果在 2074A 中鉴定得到特异存在或高表达的蛋白质 106 个，在保持系中鉴定得到特异存在或高表达的蛋白质 80 个，这些蛋白质可能是引起细胞质雄性不育发生的必要基础。在蛋白质组水平和转录组水平对比相同基因的表达模式，发现绝大多数基因在两种水平呈现相反或不同的表达模式，造成这一现象的原因可能有两个。第一，基因在转录之后，可能受到转录后水平、翻译水平及翻译后水平的修饰，导致翻译产生的蛋白质与基因表达丰度出现差异；第二，基因在翻译形成蛋白质过程中，蛋白质的降解与 mRNA 翻译可能存在反馈调节作用[233]。为了筛选与育性相关的蛋白质，试验团队通过亚细胞定位预测以及组织特异和表达差异分析，在不育材料和可育材料中获得了 49 个特异蛋白质，这些蛋白质既具有花药特异性，又在两系间表现出不同的表达丰度，预测结果显示，个别蛋白质也定位在线粒体发挥功能，主要参与氧化还原反应、碳水化合物代谢、蛋白质修饰、脂肪酸代谢以及细胞分裂与延伸等过程，可能与雄性不育发生密切相关。

6.4.2　碳水化合物代谢和三羧酸循环与 CMS 的关系

植物生殖器官的生长发育，包括雄蕊和花粉粒的形成，是高耗能的生物学过程[234]，许多研究已经证明 CMS 可能是由于线粒体不能为高速分化的细胞提供足够的能量和物质基础所致[8]。碳水化合物代谢和三羧酸循环是产生基础物质和能量的两个主要生物学过程，而且，通常情况下三羧酸循环也是碳水化合物代谢的关键方式之一。前人研究表明，碳水化合物代谢和三羧酸循环发生异常会直接影响植物雄性器官的正常发育[235]。在拟南芥成熟的花粉粒中利用双向电泳技术鉴定得到了大量蛋白质，其中有 40％都参与物质合成和能量代谢，推测它们与雄性器官的生长发育密切相关[236-237]。胞质杂种柚子的雄性不育系拥有 HBP 可育的细胞核基因组以及外来的不育线粒体基因组 G1，对比分析不育系（G1＋HBP）和可育系（HBP）线粒体蛋白质组，结果发现不管是在不育系中上调表达还是下调表达的蛋白质都主要参与碳水化合物代谢以及三羧酸循环。此外，试验团队在可育系中发现了更多与糖类和有机酸合成相关的蛋白质，这一结果证明物质代谢和能量代谢的差异可能是引起育性区分的主要因素[142]。基于 2 - DE 方法在小麦细胞质雄性不育系 KTM3315A 和保持系 TM3315B 中发现了 1 450 个表达丰度有差异的蛋白质，KEGG 代谢通路分析显示这些蛋白质中大部分与碳水化合物和能量代谢相关，它们可能会组成一个代谢网络调控小麦雄性不育的发生[8]。在本研究中，试验团队发现有 5 个不育系与保持系差异蛋白参与碳水化合物代谢和三羧酸循环相关过程，其中有 3 个在可育系中表达丰度较高，而且只在花药中存在。磷脂/甘油酰基转移酶家族蛋白参与碳水化合物代谢，可以催化酰基从酰基辅酶 A 或酰基 ACP 转移到 sn -甘油- 3 -磷酸（G3P）的 sn - 1 或 sn - 2 位置，从而生成溶血磷脂酸（LPAs），对植物脂质储存、细胞外脂质聚酯、膜脂质贮藏具有重要的调控作用[238]。不育系中缺乏这种酶可能导致脂质代谢或储存异常，影响花粉壁细胞正常发育，最终导致不育。

6.4.3　CMS 与氧化还原反应和电子传递

大量的试验证据表明，绒毡层细胞的程序性死亡可以为小孢子母细胞生长发育提供必要的营养物质，而提前发生的绒毡层细胞程序性死亡会导致花粉发育异常[239-240]。辣椒 CMS 研究证实氧化胁迫可以引发绒毡层细胞提前程序性死亡，而且在 CMS 形成过程中，活性氧胁迫增加，所有的抗氧化酶类包括 SOD、POD、CAT 等在不育系中都极显著降低[143]。氧化胁迫普遍存在，可通过 ROS 的积累破坏线粒体的正常功能[241]。通常情况下，氧化胁迫可以诱导线粒体电子传递增加、过氧化氢积累、ATP 消耗量增多，最终导致植物细胞死亡[242]。水稻雄性不育机制研究结果显示，活性氧在花粉发育减数分裂期极显著增加会破坏能量代谢通路，异常的 ROS 积累也会引发小孢子发育过程中严重的氧化胁迫，最终引起花粉败育[243]。本研究发现，大量蛋白参与氧化还原反应，其中有 5 个在两个不育系中均与在保持系中的表达丰度不同，并且特异地存在于花药组织。这些蛋白质与乙二醛氧化酶、二硫化物异构酶、硫氧还蛋白还原酶相关。蛋白质二硫化物异构酶（PDI）是硫氧还蛋白超家族氧化还原酶之一，具有氧化还原酶、异构酶和分子伴侣的功效。PDI 可以清除由于氧化胁迫产生的异常的二硫化物，而且可以激活抗氧化胁迫蛋白的活性。大量研究证明，PDI 对正常的花粉发育、胚珠受精、胚乳发育是不可或缺的[244]。此外，PDI 还可以维持细胞氧化平衡和花粉管正常生长。因此，结合棉花花粉败育期抗氧化胁迫酶类检测结果，推测氧化胁迫增加及抗氧化酶类活性降低可能是引起细胞质雄性不育发生的主要原因。

6.4.4　A0A0B0MM80 调控氧化还原酶活性影响花粉育性

在植物中，雄性生殖发育对氧化胁迫极为敏感，氧化胁迫特别影响雄性配子发育，通常导致小孢子高水平败育，从而导致雄性不育[245]。氧化胁迫是一种与 ROS 诱导的细胞损伤率增加相关的状况，ROS 在线粒体中的过度积累以及发育中孢子清除能力的下降将导致花粉程序性细胞死亡（PCD）[246]。大量证据表明，绒毡层 PCD 为小孢子母细胞的生长发育提供了必要的营养物质，而绒毡层过早 PCD 会导致花粉败育[247]。在辣椒 CMS 研究中，氧化胁迫可诱导绒毡层过早地出现 PCD，且在 CMS 细胞系形成过程中，活性氧胁迫显著上调，所有抗氧化胁迫酶类（SOD、CAT）的活性均显著下调[143]。氧化胁迫广泛存在，通常通过活性氧的积累而损害线粒体的正常功能[241]。氧化胁迫被认为是一个备受关注的领域，因为 ROS 及其代谢产物可以攻击 DNA、脂质和蛋白质，它总是诱导线粒体电子传递，导致 H_2O_2 生成积累、ATP 耗竭甚至导致植物细胞死亡[242]。一般来说，氧化胁迫还会改变酶系统，导致细胞死亡，最终导致雄性不育。对水稻雄性不育机理的研究表明，ROS 在减数分裂阶段过量增加，会破坏能量代谢途径，ROS 的异常积累也在小孢子发育过程中引起严重的氧化胁迫，最终导致花粉败育[243]。在分析哈克尼西棉细胞质雄性不育系 2074A 与其他高等植物线粒体基因组进化的过程中，发现线粒体基因组的序列大小、基因组组成、基因数量存在差异，但与氧化呼吸链相关的基因保持保守[248]。在试验团队的研究中，共有 8 种不同的 DAPs 与氧化还原反应有关，其中 *Gh_A11G1250* 在 2074A 和 2074S 中共存，具有花药特异性，在不育系和可育系之间存在显著差异。沉默 *Gh_A11G1250* 在 2074B 中的表达丰度，植物营养生长正常，但花器官变小，部分花药坏死。在前期的研究中，对 CMS - D_2 -$_2$ 及其保持系在棉花中的差异表达谱进行了鉴定，结果表明 *Gh_A11G1250* 及其正向共表达蛋白 *Gh_A03G0164*、*Gh_D02G0622*、*Gh_A07G0167* 在两系间均存在差异表达模式。此外，试验团队发现大部分差异表达蛋白与昼夜节律有关，大量研究已经表明，昼夜节律通路参与高等植物光合作用调控[249]。本研究中,与 *Gh _ A11G1250* 相互作用的部分蛋白参与光合作用,其中 5 个与昼夜节律相关,推测 *Gh _ A11G1250* 可能与昼夜节律基因发挥协同作用。

Gh _ A11G1250 是线粒体定位的过氧化物酶体蛋白,过氧化物酶体是存在于所有真核细胞细胞质中的极特化的单一膜结合细胞器,是大多数保守蛋白生物发生和多种酶储存的场所[250]。过氧化物酶体参与脂肪酸代谢、活性氧解毒、多种重要代谢途径[251]。许多高度保守的蛋白质已被证明参与过氧化物酶体的生物发生和维持,它们在细胞质中合成,并通过不同的机制转运到过氧化物酶体[252-253]。过氧化物酶体的缺乏会导致代谢紊乱,包括过氧化物酶体产物的缺乏或有毒产物如活性氧和乙醛酸盐的存在。因此,这些蛋白的差异表达可能会使氧化还原过程失衡,导致 ROS 产生的可能性升高,高水平的 ROS 可诱导细胞过早死亡,不利于叶片向生殖组织提供营养,最终影响花药和花粉的发育[254]。

Chapter 7 主要结论与展望

7.1 主要结论

本研究主要以哈克尼西棉的细胞质雄性不育系 2074A、细胞质雄性不育保持系 2074B 为材料，从细胞学、生理生化指标、miRNA 表达、lncRNA 表达及线粒体蛋白质水平方面对棉花 CMS 机理进行了深入系统的研究，为进一步揭示棉花 CMS 发生机制提供了可靠的试验依据。主要取得以下结论。

（1）利用石蜡切片法进行花粉发育细胞学水平观察，明确了 2074A 花粉败育主要发生在减数分裂期至双核期，孢原细胞期至花粉母细胞期为花粉败育前期；绒毡层细胞在小孢子发育过程中液泡化，导致小孢子被压缩不能正常生长发育是造成 2074A 败育的主要原因。

（2）对花药发育减数分裂至双核期花蕾代谢产物及抗氧化物酶等指标进行检测，发现可溶性糖、脯氨酸的含量在不育系中显著或极显著低于保持系；丙二醛含量在不育系中极显著高于保持系；抗氧化酶类（POD、CAT、SOD）的活性在不育系中显著低于保持系。表明营养物质缺乏和氧化胁迫增加是影响棉花育性的关键因素。

（3）利用小 RNA 测序对比分析 2074A 和 2074B 孢原细胞期至花粉母细胞期以及减数分裂期至双核期花蕾中 miRNA 的表达模式，结果表明 miR827a/*GhPPR*、miRn25/*GhARF10*、miRn75/*GhAP2* 以及 miR393/*GhAFB2* 共同作用参与调控棉花育性改变；过表达 miRn25 的烟草植株表现出节间缩短、营养生长受到抑制、生殖生长期延迟的症状。

（4）长链非编码 RNA 分析结果显示，保持系中沉默 *TCONS_00473367*，植株出现不育或者半不育表型；过表达 *TCONS_00473367* 的烟草植株，分枝数和花序总数增加、开花期提前；*TCONS_00473367* 靶向 13 个蛋白编码基因，其中 *Gh_D11G1510* 基因调控油菜素甾醇合成代谢通路，特异沉默 *Gh_D11G1510*，棉花植株同样表现出雄性不育症状；干涉烟草同源基因 *CYP724B*，转基因烟草植株表现出油菜素甾醇缺乏的性状，植株矮化、叶片卷曲以及花粉活性和结实率降低。表明 *TCONS_00473367* 正向调控 *Gh_D11G1510* 影响油菜素甾醇代谢，而油菜素甾醇进一步参与调控植物育性及花器官发育。

（5）利用 DIA 蛋白质组学技术分析 2074A 和 2074B 花粉发育减数分裂期至双核期花蕾线粒体蛋白质组的差异，发现在可育材料中特异存在或高表达的线粒体蛋白主要参与蜡状物与角质层形成、碳水化合物代谢、抗氧化胁迫反应、物质转运等生物学过程，表明能量和物质供应不足以及抗氧化胁迫能力下降是导致败育发生的主要因素。病毒介导的基因沉默 *Gh_A11G1250*，可育棉花植株 2074B 花药出现部分坏死现象。与 *Gh_A11G1250* 互作的蛋白参与氧化磷酸化、光合作用等，表达丰度变化引起能量代谢紊乱和活性氧胁迫，是导致棉花花药坏死的主要原因。

7.2 展望

本研究从细胞学、生理生化指标、非编码 RNA 水平及线粒体蛋白质水平方面系统地研究了细胞质雄性不育系 2074A 败育分子机制，明确了不育系败育特征及相关生理生化指标变化模式，阐述了非编码 RNA 以及线粒体蛋白质在不育发生过程中扮演的重要角色。研究结果为进一步揭示棉花 CMS 机理提供了重要的理论基础和参考价值，但是由于时间和工作量有限，许多研究未得到进一步完善和深入探索。棉花细胞质雄性不育发生过程涉及一个复杂的调控网络，因此试验团队需要在已经取得结果的基础上进一步进行以下研究。

（1）植物激素特别是生长素、油菜素甾醇、赤霉素、茉莉酸等已被证明调控植物育性。本研究证明参与调控油菜素甾醇和生长素合成及信号转导的非编码 RNA，在棉花细胞质雄性不育发生过程中扮演重要角色，但关于非编码 RNA 如何调控这两个激素合成及信号转导的代谢通路仍不是很明确，非编码 RNA 靶基因的作用模式也有待进一步研究。因此后续仍需通过基因编辑、过表达、RNA 干涉等转基因手段，结合检测激素水平变化模式，分析靶基因调控下游基因作用机理，阐明非编码 RNA 通过调控激素代谢通路关键基因影响植物育性的分子机制。

（2）激素水平的变化可以影响植株育性，但线粒体基因是细胞质雄性不育发生的决定性因素。细胞质雄性不育主要由线粒体基因组和细胞核基因组不协调作用引起，虽然已有研究证明细胞核基因在不育发生过程中发挥重要调控作用，但想要阐明 CMS 机制，仍需要从线粒体基因组水平出发。因此后续研究应该结合已有的结果，挖掘与细胞核基因或非编码 RNA 协调作用的线粒体基因，进一步从线粒体基因组水平揭示不育发生机制。

（3）利用 DIA 蛋白质组测序技术鉴定得到了大量不育系和保持系特异线粒体蛋白，这些蛋白参与的氧化还原反应、碳水化合物代谢、蛋白质修饰、脂肪酸代谢、细胞死亡等代谢通路，与棉花 CMS 发生密切相关，而且在研究中发现 *Gh_A11G1250* 会影响花药的生长状态，但是如何调控花药发育以及具体的作用机制还不清楚。此外，试验团队发现与 *Gh_A11G1250* 互作的蛋白质参与氧化磷酸化和光合作用，但是这些特异蛋白质如何调控 CMS 发生代谢网络，仍值得进一步研究。

参 考 文 献

［1］ European C. Sustainable food consumption and production in a resource‐constrained world‐the 3rd SCAR foresight exercise ［C］. Publications Office of the European Union‐XVI, Luxembourg，2011, 232.

［2］ Kim Y，Zhang D. Molecular control of male fertility for crop hybrid breeding ［J］. Trends Plant Sci.，2018，23：53‐65.

［3］ Chen L，Liu Y G. Male sterility and fertility restoration in crops ［J］. Annu Rev Plant Biol，2014，65：579‐606.

［4］ Longin C，Muhleisen J，Maurer H，et al. Hybrid breeding in autogamous cereals ［J］. Theor Appl Genet，2012，125：1087‐1096.

［5］ Whitford R，Fleury D，Reif J，et al. Hybrid breeding in wheat：Technologies to improve hybrid wheat seed production ［J］. J Exp Bot，2013，64：5411‐5428.

［6］ Muehleisen J，Maurer H，Stiewe G，et al. Hybrid breeding in barley ［J］. Crop Sci.，2013，53：819‐824.

［7］ Yamagishi H，Bhat S R. Cytoplasmic male sterility in brassicaceae crops ［J］. Breed Sci.，2014，64：38‐47.

［8］ Geng X，Ye J，Yang X，et al. Identification of proteins involved in carbohydrate metabolism and energy metabolism pathways and their regulation of cytoplasmic male sterility in wheat ［J］. Int. J Mol. Sci.，2018，19：324‐343.

［9］ Nie H，Wang Y，Su Y，et al. Exploration of miRNAs and target genes of cytoplasmic male sterility line in cotton during flower bud development ［J］. Funct Integr Genomic，2018，18：457‐476.

［10］ Mayr E. Joseph Gottlieb Kolreuter's contributions to biology ［J］. Osiris，1986，2：135‐176.

［11］ Kaul M. Male sterility in higher plants ［M］. Berlin：Springer Science & Business Media，1988.

［12］ Laser K D，Lersten N R. Anatomy and cytology of microsporogenesis in cytoplasmic male sterile angiosperms ［J］. Bot Rev，1972，38：425‐454.

［13］ Budar F，Pelletier G. Male sterility in plants：Occurrence，determinism，significance and use ［J］. C R Acad Sci. Ⅲ，2001，324：543‐550.

［14］ Bohra A，Jha U，Adhimoolam P，et al. Cytoplasmic male sterility (CMS) in hybrid breeding in field crops ［J］. Plant Cell Rep，2016，35：967‐993.

［15］ Chen Z，Zhao N，Li S，et al. Plant mitochondrial genome evolution and cytoplasmic male sterility ［J］. Crit Rev Plant Sci.，2017，36：54‐69.

［16］ Unseld M，Marienfeld J，Brandt P，et al. The mitochondrial genome of *Arabidopsis thaliana* contains 57 genes in 366 924 nucleotides ［J］. Nat. Genet，1997，15：57‐61.

［17］ Kubo T，Newton K J. Angiosperm mitochondrial genomes and mutations ［J］. Mitochondrion，2008，8：5‐14.

［18］ Bentolila S，Alfonso A，Hanson M. A pentatricopeptide repeat‐containing gene restores fertility to cytoplasmic male – sterile plants ［J］. Proc. Natl. Acad. Sci. USA，2002，99：10887 – 10892.

［19］ Wang K，Gao F，Ji Y，et al. *ORFH79* impairs mitochondrial function via interaction with a subunit of electron transport chain complex Ⅲ in Honglian cytoplasmic male sterile rice ［J］. New Phytol，2013，198：408 – 418.

［20］ Luo D，Xu H，Liu Z，et al. A detrimental mitochondrial – nuclear interaction causes cytoplasmic male sterility in rice ［J］. Nat. Genet，2013，45：573 – 577.

［21］ Ding X，Chen Q，Bao C，et al. Expression of a mitochondrial gene *orfH79* from CMS – Honglian rice inhibits *Escherichia coli* growth via deficient oxygen consumption ［J］. SpringerPlus，2016，5：1125 – 1131.

［22］ Li S，Chen Z，Zhao N，et al. The comparison of four mitochondrial genomes reveals cytoplasmic male sterility candidate genes in cotton ［J］. BMC Genomics，2018，19：775 – 789.

［23］ Kazama T，Itabashi E，Fujii S，et al. Mitochondrial *ORF79* levels determine pollen abortion in cytoplasmic male sterile rice ［J］. Plant J，2016，85：707 – 716.

［24］ Kazama T，Nakamura T，Watanabe M，et al. Suppression mechanism of mitochondrial *ORF79* accumulation by Rf1 protein in BT – type cytoplasmic male sterile rice ［J］. Plant J，2008，55：619 – 628.

［25］ Dewey R，Timothy D，Levings C. A mitochondrial protein associated with cytoplasmic male sterility in the T cytoplasm of maize ［J］. Proc. Natl. Acad. Sci. USA，1987，84：5374 – 5378.

［26］ Young E，Hanson M. A fused mitochondrial gene associated with cytoplasmic male sterility is developmentally regulated ［J］. Cell，1987，50：41 – 49.

［27］ Horn R，Gupta K，Colombo N. Mitochondrion role in molecular basis of cytoplasmic male sterility ［J］. Mitochondrion，2014，19：198 – 205.

［28］ Levings C. Thoughts on cytoplasmic male sterility in CMS – T Maize ［J］. Plant Cell，1993，5：1285 – 1290.

［29］ Santner A，Estelle M. Recent advances and emerging trends in plant hormone signaling ［J］. Nature，2009，459：1071 – 1078.

［30］ Pieterse C，Leon – Reyes A，Van der Ent S，et al. Networking by small – molecule hormones in plant immunity ［J］. Nat. Chem. Biol. ，2009，5：308 – 316.

［31］ Santner A，Calderon – Villalobos L，Estelle M. Plant hormones are versatile chemical regulators of plant growth ［J］. Nat. Chem. Biol. ，2009，5：301 – 307.

［32］ Denance N，Sanchez – Vallet A，Goffne D，et al. Disease resistance or growth：The role of plant hormones in balancing immune responses and fitness costs ［J］. Front. Plant Sci. ，2013，4：155 – 166.

［33］ Cheng Y，Dai X，Zhao Y. Auxin biosynthesis by the *YUCCA* flavin monooxygenases controls the formation of floral organs and vascular tissues in *Arabidopsis* ［J］. Genes Dev，2006，20：1790 – 1799.

［34］ Sakata T，Oshino T，Miura S，et al. Auxins reverse plant male sterility caused by high temperatures ［J］. Proc. Natl. Acad. Sci. USA，2010，107：8569 – 8574.

［35］ Nagpal P，Ellis C，Weber H，et al. Auxin response factors *ARF6* and *ARF8* promote jasmonic acid production and flower maturation ［J］. Development，2005，132：4107 – 4118.

［36］ Yang J，Tian L，Sun M，et al. AUXIN RESPONSE FACTOR17 is essential for pollen wall pattern formation in *Arabidopsis* ［J］. Plant Physiol. ，2013，162：720 – 731.

［37］ Ding Y，Ma Y，Liu N，et al. microRNAs involved in auxin signaling modulate male sterility under high – temperature stress in cotton (*Gossypium hirsutum*) ［J］. Plant J. ，2017，91：977 – 994.

［38］ Tang W，Kim T W，Oses – Prieto J，et al. *BSKs* mediate signal transduction from the receptor kinase *BRI1* in *Arabidopsis* [J]. Science, 2008, 321: 557-560.

[39] She J, Han Z, Kim T, et al. Structural insight into brassinosteroid perception by *BRI1* [J]. Nature, 2011, 474: 472-496.

[40] Oh M, Wang X, Clouse S, et al. Deactivation of the *Arabidopsis* BRASSINOSTEROID INSENSITIVE 1 (*BRI1*) receptor kinase by autophosphorylation within the glycine-rich loop [J]. Proc. Natl. Acad. Sci. USA, 2012, 109: 327-332.

[41] Guo J, Zhang Y, Hui M, et al. Transcriptome sequencing and de novo analysis of a recessive genic male sterile line in cabbage (*Brassica oleracea* L. var. capitata) [J]. Mol Breeding, 2016, 36: 117-130.

[42] Szekeres M, Nemeth K, KonczKalman Z, et al. Brassinosteroids rescue the deficiency of *CYP90*, a cytochrome P450, controlling cell elongation and de-etiolation in *Arabidopsis* [J]. Cell, 1996, 85: 171-182.

[43] Li J, Nam K, Vafeados D, et al. *BIN2*, a new brassinosteroid-insensitive locus in *Arabidopsis* [J]. Plant Physiol., 2001, 127: 14-22.

[44] Bouquin T, Meier C, Foster R, et al. Control of specific gene expression by gibberellin and brassinosteroid [J]. Plant Physiol., 2001, 127: 450-458.

[45] Clouse S, Langford M, McMorris T. A brassinosteroid-insensitive mutant in *Arabidopsis thaliana* exhibits multiple defects in growth and development [J]. Plant Physiol., 1996, 111: 671-678.

[46] Ye Q, Zhu W, Li L, et al. Brassinosteroids control male fertility by regulating the expression of key genes involved in *Arabidopsis* anther and pollen development [J]. Proc. Natl. Acad. Sci. USA, 2010, 107: 6100-6105.

[47] Li H, Pinot F, Sauveplane V, et al. Cytochrome P450 family member *CYP704B2* catalyzes the omega-hydroxylation of fatty acids and is required for anther cutin biosynthesis and pollen exine formation in rice [J]. Plant Cell, 2010, 22: 173-190.

[48] Singh M, Kumar M, Thilges K, et al. *MS26/CYP704B* is required for anther and pollen wall development in bread wheat (*Triticum aestivum* L.) and combining mutations in all three homeologs causes male sterility [J]. PLoS One, 2017, 12 (e01776325).

[49] Yang X, Wu D, Shi J, et al. Rice *CYP703A3*, a cytochrome P450 hydroxylase, is essential for development of anther cuticle and pollen exine [J]. J. Integr. Plant Biol., 2014, 56: 979-994.

[50] Huang S, Cerny R, Qi Y, et al. Transgenic studies on the involvement of cytokinin and gibberellin in male development [J]. Plant Physiol., 2003, 131: 1270-1282.

[51] Tian H, Lv B, Ding T, et al. Auxin-BR interaction regulates plant growth and development [J]. Front Plant Sci., 2017, 8: 2256-2264.

[52] Meyer V, Meyer J. Cytoplasmically controlled male sterility in cotton [J]. Crop Sci., 1965, 5: 444-448.

[53] 李双双. 棉花线粒体基因组测序及其细胞质雄性不育机理的初步研究 [D]. 北京: 中国农业大学, 2013.

[54] 贾占昌. 棉花雄性不育系 104-7A 的选育及三系配套 [J]. 中国棉花, 1990 (6): 11.

[55] Stewart J. A new cytoplasmic male sterile and restorer for *G. trilobum* [C]. Proc. Beltwide Cotton Conf, 1992: 610.

[56] Meyer V. Male sterility from *Gossypium harknessii* [J]. J Hered, 1975, 66: 23-27.

[57] 朱云国, 张昭伟, 王晓玲, 等. 哈克尼西棉细胞质雄性不育系小孢子发生的超微结构观察 [J].

棉花学报，2005（6）：382-383.

［58］王学德. 细胞质雄性不育棉花线粒体蛋白质和 DNA 的分析［J］. 作物学报，2000（1）：35-39.

［59］巩养仓，张雪林，吴建勇，等. 哈克尼西棉细胞质雄性不育相关线粒基因多态性分析［J］. 棉花学报，2017，29（4）：327-335.

［60］巩养仓. 棉花细胞质雄性不育相关线粒体基因筛选［D］. 北京：中国农业科学院，2008.

［61］解海岩，蒋培东，王晓玲，等. 棉花细胞质雄性不育花药败育过程中内源激素的变化［J］. 作物学报，2006（7）：1094-1096.

［62］王学德. 棉花细胞质雄性不育花药的淀粉酶与碳水化合物［J］. 棉花学报，1999（3）：113-116.

［63］Jiang P，Zhang X，Zhu Y，et al. Metabolism of reactive oxygen species in cotton cytoplasmic male sterility and its restoration［J］. Plant Cell Rep，2007，26：1627-1634.

［64］Megraw M，Hatzigeorgiou A. microRNA promoter analysis［J］. Meth Mol Biol.，2010，592：149-161.

［65］Cui X，Xu S，Mu D，et al. Genomic analysis of rice microRNA promoters and clusters［J］. Gene，2009，431：61-66.

［66］Wahid F，Shehzad A，Khan T，et al. MicroRNAs：Synthesis，mechanism，function，and recent clinical trials［J］. Bio Bio Acta Cell Res，2010，1803：1231-1243.

［67］Guleria P，Mahajan M，Bhardwaj J，et al. Plant small RNAs：Biogenesis，mode of action and their roles in abiotic stresses［J］. Genom Proteom Bioinf，2011，9：183-199.

［68］Wang L，Song X，Gu L，et al. NOT2 proteins promote polymerase II- dependent transcription and interact with multiple microRNA biogenesis factors in *Arabidopsis*［J］. Plant Cell，2013，25：715-727.

［69］Olivier V. Origin，biogenesis，and activity of plant microRNAs［J］. Cell，2009，136：669-687.

［70］Ramachandran V. Degradation of microRNA by a family of exoribonucleases in *Arabidopsis*［J］. Science，2008，321：1490-1492.

［71］Rhoades M，Reinhart B，Lim L，et al. Prediction of plant microRNA targets［J］. Cell，2002，110：513-520.

［72］Bartel D. MicroRNAs：Genomics，biogenesis，mechanism，and function［J］. Cell，2007，131：11-29.

［73］Rogers K，Chen X. Biogenesis，turnover，and mode of action of plant microRNAs［J］. Plant Cell，2013，25：2383-2399.

［74］Chen X. A microRNA as a translational repressor of *APETALA2* in *Arabidopsis* flower development［J］. Science，2004，303：2022-2025.

［75］Grant-Downton R，Kourmpetli S，Hafidh S，et al. Artificial microRNAs reveal cell-specific differences in small RNA activity in pollen［J］. Curr Biol.，2013，23：599-601.

［76］Reis R，Hart-Smith G，Eamens A，et al. Gene regulation by translational inhibition is determined by dicer partnering proteins［J］. Nat. Plants，2015，1：14027-14032.

［77］Jing Q，Huang S，Guth S，et al. Involvement of microRNA in AU-rich element-mediated mRNA instability［J］. Cell，2005，120：623-634.

［78］Wu L，Zhou H，Zhang Q，et al. DNA methylation mediated by a microRNA pathway［J］. Molecular Cell，2010，38：465-475.

［79］Li Z，Zhang Y，Chen Y. miRNAs and lncRNAs in reproductive development［J］. Plant Sci.，2015，238：46-52.

［80］Storchova H. The role of non-coding RNAs in cytoplasmic male sterility in flowering plants［J］. Int. J Mol. Sci.，2017，18：2429-2441.

［81］ Mishra A，Bohra A. Non‐coding RNAs and plant male sterility：Current knowledge and future prospects ［J］. Plant Cell Rep，2018，37：177‐191.

［82］ Liu H，Yu H，Tang G，et al. Small but powerful：Function of microRNAs in plant development ［J］. Plant Cell Rep，2018，37：515‐528.

［83］ Zhang W，Xie Y，Xu L，et al. Identification of microRNAs and their target genes explores miRNA‐mediated regulatory network of cytoplasmic male sterility occurrence during anther development in radish（*Raphanus sativus* L.）［J］. Front. Plant Sci.，2016，7：1054‐1070.

［84］ Ding X，Li J，Zhang H，et al. Identification of miRNAs and their targets by high‐throughput sequencing and degradome analysis in cytoplasmic male‐sterile line NJCMS1A and its maintainer NJCMS1B of soybean ［J］. BMC Genomics，2016，17：24‐40.

［85］ Yan J，Zhang H，Zheng Y，et al. Comparative expression profiling of miRNAs between the cytoplasmic male sterile line MeixiangA and its maintainer line MeixiangB during rice anther development ［J］. Planta，2015，241：109‐123.

［86］ Mallory A，Bartel D，Bartel B. MicroRNA‐directed regulation of *Arabidopsis* AUXIN RESPONSE FACTOR17 is essential for proper development and modulates expression of early auxin response genes ［J］. Plant Cell，2005，17：1360‐1375.

［87］ Song S，Qi T，Huang H，et al. Regulation of stamen development by coordinated actions of jasmonate，auxin，and gibberellin in *Arabidopsis* ［J］. Mol Plant，2013，6：1065‐1073.

［88］ Wang J，Wang L，Mao Y，et al. Control of root cap formation by microRNA‐targeted auxin response factors in *Arabidopsis* ［J］. Plant Cell，2005，17：2204‐2216.

［89］ Wu M，Tian Q，Reed J. *Arabidopsis* microRNA167 controls patterns of *ARF6* and *ARF8* expression，and regulates both female and male reproduction ［J］. Development，2006，133：4211‐4218.

［90］ Wang J，Czech B，Weigel D. miR156‐regulated *SPL* transcription factors define an endogenous flowering pathway in *Arabidopsis thaliana* ［J］. Cell，2009，138：738‐749.

［91］ Wu G，Park M，Conway S，et al. The sequential action of miR156 and miR172 regulates developmental timing in *Arabidopsis* ［J］. Cell，2009，138：750‐759.

［92］ Xing S，Salinas M，Hohmann S，et al. miR156‐targeted and nontargeted *SBP‐box* transcription factors act in concert to secure male fertility in *Arabidopsis* ［J］. Plant Cell，2010，22：3935‐3950.

［93］ Lian H，Li X，Liu Z，et al. HYL1 is required for establishment of stamen architecture with four microsporangia in *Arabidopsis* ［J］. J. Exp. Bot.，2013，64：3397‐3410.

［94］ Tsuji H，Aya K，Ueguchi‐Tanaka M，et al. *GAMYB* controls different sets of genes and is differentially regulated by microRNA in aleurone cells and anthers ［J］. Plant J.，2006，47：427‐444.

［95］ Achard P，Herr A，Baulcombe D，et al. Modulation of floral development by a gibberellin‐regulated microRNA ［J］. Development，2004，131：3357‐3365.

［96］ Kaneko M，Inukai Y，Ueguchi‐Tanaka M，et al. Loss‐of‐function mutations of the rice *GAMYB* gene impair alpha‐amylase expression in aleurone and flower development ［J］. Plant Cell，2004，16：33‐44.

［97］ Millar A，Gubler F. The *Arabidopsis GAMYB‐like* genes，*MYB33* and *MYB65*，are microRNA‐regulated genes that redundantly facilitate anther development ［J］. Plant Cell，2005，17：705‐721.

［98］ Murray F，Kalla R，Jacobsen J，et al. A role for *HvGAMYB* in anther development ［J］. Plant J.，2003，33：481‐491.

［99］ Schwab R，Palatnik J，Riester M，et al. Specific effects of microRNAs on the plant transcriptome ［J］.

Dev Cell, 2005, 8: 517 - 527.

[100] Fan C, Hao Z, Yan J, et al. Genome - wide identification and functional analysis of lincRNAs acting as miRNA targets or decoys in maize [J] . BMC Genomics, 2015, 16: 793 - 811.

[101] Quinn J, Chang H. Unique features of long non - coding RNA biogenesis and function [J]. Nat. Rev Genet, 2016, 17: 47 - 62.

[102] Zhang Y, Liao J, Li Z, et al. Genome - wide screening and functional analysis identify a large number of long noncoding RNAs involved in the sexual reproduction of rice [J] . Genom Biol., 2014, 15: 512 - 527.

[103] Li L, Eichten S, Shimizu R, et al. Genome - wide discovery and characterization of maize long non - coding RNAs [J] . Genom Biol., 2014, 15: 40 - 54.

[104] Hao Z, Fan C, Cheng T, et al. Genome - wide identification, characterization and evolutionary analysis of long intergenic noncoding RNAs in cucumber [J] . PloS One, 2015, 10: e121800.

[105] Wang M, Yuan D, Tu L, et al. Long noncoding RNAs and their proposed functions in fibre development of cotton (*Gossypium* spp.) [J] . New Phytol, 2015, 207: 1181 - 1197.

[106] Lu Z, Xia X, Jiang B, et al. Identification and characterization of novel lncRNAs in *Arabidopsis thaliana* [J] . Biochem Bioph Res Co, 2017, 488: 348 - 354.

[107] Ransohoff J, Wei Y, Khavari P. The functions and unique features of long intergenic non - coding RNA [J] . Nat. Rev Mol. Cell Bio., 2017, 19: 143 - 157.

[108] Li H, Wang Y, Chen M, et al. Genome - wide long non - coding RNA screening, identification and characterization in a model microorganism *Chlamydomonas reinhardtii* [J] . Sci. Rep - UK, 2016, 6: 34109 - 34124.

[109] Lv Y, Liang Z, Ge M, et al. Genome - wide identification and functional prediction of nitrogen - responsive intergenic and intronic long non - coding RNAs in maize (*Zea mays* L.) [J] . BMC Genomics, 2016, 17: 350 - 364.

[110] Chekanova J A. Long non - coding RNAs and their functions in plants [J] . Curr Opin Plant Biol., 2015, 27: 207 - 216.

[111] Gloss B, Dinger M. The specificity of long noncoding RNA expression [J] . BBA - Gene Regul Mech, 2016, 1859: 16 - 22.

[112] Kuwabara T, Hsieh J, Nakashima K, et al. A small modulatory dsRNA specifies the fate of adult neural stem cells [J] . Cell, 2004, 116: 779 - 793.

[113] Kugel J, Goodrich J. Non - coding - RNA regulators of RNA polymerase II transcription [J]. Nat. Rev. Mol. Cell Bio., 2006, 7: 612 - 616.

[114] Lai F, Orom U, Cesaroni M, et al. Activating RNAs associate with mediator to enhance chromatin architecture and transcription [J] . Nature, 2013, 494: 497 - 501.

[115] Mercer T, Dinger M, Mattick J. Long non - coding RNAs: Insights into functions [J] . Nat. Rev Genet, 2009, 10: 155 - 159.

[116] Wang K, Chang H. Molecular mechanisms of long noncoding RNAs [J] . Mol. Cell, 2011, 43: 904 - 914.

[117] Atkinson S, Marguerat S, Bähler J. Exploring long non - coding RNAs through sequencing [J]. Semin Cell Dev Biol., 2012, 23: 200 - 205.

[118] Huarte M. The emerging role of lncRNAs in cancer [J] . Nat. Med, 2015, 21: 1253 - 1261.

[119] Schmitt A, Chang H. Long noncoding RNAs in cancer pathways [J] . Cancer Cell, 2016, 29: 452 - 463.

[120] Liu B，Ye B，Yang L，et al. Long noncoding RNA *lncKdm2b* is required for *ILC3* maintenance by initiation of *Zfp292* expression［J］. Nat. Immunol，2017，18：499－508.

[121] Zhang J，Wei L，Jiang J，et al. Genome－wide identification，putative functionality and interactions between lncRNAs and miRNAs in *Brassica species*［J］. Sci. Rep－UK，2018，8：4960－4970.

[122] Li S，Yu X，Lei N，et al. Genome－wide identification and functional prediction of cold and/or drought－responsive lncRNAs in *Cassava*［J］. Sci. Rep－UK，2017，7：45981－45995.

[123] Kim V，Han J，Siomi M. Biogenesis of small RNAs in animals［J］. Nat. Rev Mol. Cell Bio.，2009，10：126－139.

[124] Wang J，Meng X，Dobrovolskaya O，et al. Non－coding RNAs and their roles in stress response in plants［J］. Genom Proteom Bioinf，2017，15：301－312.

[125] Yoon J，Abdelmohsen K，Gorospe M. Functional interactions among microRNAs and long noncoding RNAs［J］. Semin Cell Dev Biol.，2014，34：9－14.

[126] Bari R，Pant B，Stitt M，et al. *PHO2*，microRNA399，and *PHR1* define a phosphate－signaling pathway in plants［J］. Plant Physiol.，2006，141：988－999.

[127] Mateos I，García J，Puga M，et al. Target mimicry provides a new mechanism for regulation of microRNA activity［J］. Nat. Genet，2007，39：1033－1037.

[128] Meng W. A long noncoding RNA involved in rice reproductive development by negatively regulating osa－miR160［J］. Sci. Bull，2017，62：470－475.

[129] Wang C，Liu S，Zhang X，et al. Genome－wide screening and characterization of long non－coding RNAs involved in flowering development of trifoliate orange (*Poncirus trifoliata* L. Raf.)［J］. Sci. Rep－UK，2017，7：43226－43240.

[130] Stone J，Kolouskova P，Sloan D，et al. Non－coding RNA may be associated with cytoplasmic male sterility in *Silene vulgaris*［J］. J. Exp. Bot.，2017，68：1599－1612.

[131] Huang L，Dong H，Zhou D，et al. Systematic identification of long non－coding RNAs during pollen development and fertilization in *Brassica rapa*［J］. Plant J.，2018，96：203－222.

[132] Ding J，Lu Q，Ouyang Y，et al. A long noncoding RNA regulates photoperiod－sensitive male sterility，an essential component of hybrid rice［J］. Proc. Natl. Acad. Sci. USA，2012，109：2654－2659.

[133] Zhou H，Liu Q，Li J，et al. Photoperiod－and thermo－sensitive genic male sterility in rice are caused by a point mutation in a novel noncoding RNA that produces a small RNA［J］. Cell Res，2012，22：649－660.

[134] Zhu D，Deng X. A non－coding RNA locus mediates environment－conditioned male sterility in rice ［J］. Cell Res，2012，22：791－792.

[135] Fan Y，Yang J，Mathioni S，et al. *PMS1T*，producing phased small－interfering RNAs，regulates photoperiod－sensitive male sterility in rice［J］. Proc. Natl. Acad. Sci. USA，2016，113：15144－15149.

[136] Ma J，Yan B，Qu Y，et al. *Zm401*，a short－open reading－frame mRNA or noncoding RNA，is essential for tapetum and microspore development and can regulate the floret formation in maize［J］. J. Cell Biochem.，2008，105：136－146.

[137] Song J，Cao J，Wang C. *BcMF11*，a novel non－coding RNA gene from *Brassica campestris*，is required for pollen development and male fertility［J］. Plant Cell Rep，2013，32：21－30.

[138] Cho J，Koo D，Nam Y，et al. Isolation and characterization of cDNA clones expressed under male sex expression conditions in a monoecious cucumber plant (*Cucumis sativus* L. cv. Winter Long) ［J］. Euphytica，2006，146：271－281.

［139］ Wang S，Zhang G，Zhang Y，et al. Comparative studies of mitochondrial proteomics reveal an intimate protein network of male sterility in wheat (*Triticum aestivum* L.)［J］. J. Exp. Bot.，2015，66：6191 - 6203.

［140］ Chen R，Liu W，Zhang G，et al. Mitochondrial proteomic analysis of cytoplasmic male sterility line and its maintainer in wheat (*Triticum aestivum* L.)［J］. Agr Sci. China，2010，9：771 - 782.

［141］ Wesolowski W，Szklarczyk M，Szalonek M，et al. Analysis of the mitochondrial proteome in cytoplasmic male - sterile and male - fertile beets［J］. J. Proteomics，2015，119：61 - 74.

［142］ Zheng B，Fang Y，Pan Z，et al. iTRAQ - based quantitative proteomics analysis revealed alterations of carbohydrate metabolism pathways and mitochondrial proteins in a male sterile cybrid pummelo［J］. J. Proteome Res，2014，13：2998 - 3015.

［143］ Guo J，Wang P，Cheng Q，et al. Proteomic analysis reveals strong mitochondrial involvement in cytoplasmic male sterility of pepper (*Capsicum annuum* L.)［J］. J. Proteomics，2017，168：15 - 27.

［144］ Zhang L，Zhang X，Zhang L，et al. Identification of proteins associated with cytoplasmic male sterility in pepper (*Capsicum annuum* L.)［J］. S Afr J Bot，2015，100：1 - 6.

［145］ Goff S A，Ricke D，Lan T，et al. A draft sequence of the rice genome (*Oryza sativa* L. ssp. japonica)［J］. Science，2002，296：92 - 100.

［146］ Yu J，Hu S，Wang J，et al. A draft sequence of the rice genome (*Oryza sativa* L. ssp. indica)［J］. Science，2002，296：79 - 92.

［147］ Schnable P，Ware D，Fulton R，et al. The B73 maize genome：Complexity，diversity，and dynamics［J］. Science，2009，326：1112 - 1115.

［148］ Schmutz J，Cannon S，Schlueter J，et al. Genome sequence of the palaeo - polyploid soybean［J］. Nature，2010，463 (7278)：178 - 183.

［149］ Zimin A，Puiu D，Hall R，et al. The first near - complete assembly of the hexaploid bread wheat genome，*Triticum aestivum*［J］. GigaScience，2017，6：1 - 7.

［150］ Paterson A，Wendel J，Gundlach H，et al. Repeated polyploidization of *Gossypium* genomes and the evolution of spinnable cotton fibres［J］. Nature，2012，492：423 - 427.

［151］ Wang K，Wang Z，Li F，et al. The draft genome of a diploid cotton *Gossypium raimondii*［J］. Nat. Genet，2012，44：1098 - 1103.

［152］ Li F，Fan G，Wang K，et al. Genome sequence of the cultivated cotton *Gossypium arboreum*［J］. Nat. Genet，2014，46：567 - 572.

［153］ 金尚昆. 图形泛基因组和全基因组关联分析揭示结构变异对异源四倍体棉花形成与分化的影响［D］. 杭州：浙江大学，2023.

［154］ Zhang T，Hu Y，Jiang W，et al. Sequencing of allotetraploid cotton (*Gossypium hirsutum* L. acc. TM - 1) provides a resource for fiber improvement［J］. Nat. Biotechnol.，2015，33：531 - 537.

［155］ Wang M，Tu L，Yuan D，et al. Reference genome sequences of two cultivated allotetraploid cottons，*Gossypium hirsutum* and *Gossypium barbadense*［J］. Nat. Genet，2019，51：224 - 229.

［156］ Liu X，Zhao B，Zheng H，et al. *Gossypium barbadense* genome sequence provides insight into the evolution of extra - long staple fiber and specialized metabolites［J］. Sci. Rep - UK，2015，5：14139 - 14153.

［157］ Yuan D，Tang Z，Wang M，et al. The genome sequence of sea - Island cotton (*Gossypium barbadense*) provides insights into the allopolyploidization and development of superior spinnable fibres［J］. Sci. Rep - UK，2015，5：17662 - 17688.

[158] Yu J，Jung S，Cheng C，et al. CottonGen：A genomics，genetics and breeding database for cotton research [J] . Nucleic Acids Res，2014，42：D1229 - D1236.

[159] Zhu T，Liang C，Meng Z，et al. CottonFGD：An integrated functional genomics database for cotton [J] . BMC Plant Biol. ，2017，17：101 - 110.

[160] You Q，Xu W，Zhang K，et al. ccNET：Database of co - expression networks with functional modules for diploid and polyploid *Gossypium* [J] . Nucleic Acids Res，2016，46：D1157 - D1167.

[161] Yi X，Zhang Z，Ling Y，et al. PNRD：A plant non - coding RNA database [J] . Nucleic Acids Res，2015，43：D982 - D989.

[162] Trapnell C，Roberts A，Goff L，et al. Differential gene and transcript expression analysis of RNA - seq experiments with TopHat and Cufflinks [J] . Nat. Protoc，2012，7：562 - 578.

[163] Pertea M，Kim D，Pertea G，et al. Transcript - level expression analysis of RNA - seq experiments with HISAT，StringTie and Ballgown [J] . Nature Protoc，2016，11：1650 - 1667.

[164] Love M，Huber W，Anders S. Moderated estimation of fold change and dispersion for RNA - seq data with DESeq2 [J] . Genome Biol. ，2014，15：550 - 570.

[165] Robinson M，McCarthy D，Smyth G. edgeR：A bioconductor package for differential expression analysis of digital gene expression data [J] . Bioinformatics，2010，26：139 - 140.

[166] Wu J，Zhang M，Zhang B，et al. Genome - wide comparative transcriptome analysis of CMS - D2 and its maintainer and restorer lines in upland cotton [J] . BMC Genomics，2017，18：454 - 465.

[167] 聂虎帅. 棉花细胞质雄性不育系 2074A 败育特征及机理研究 [D] . 北京：中国农业大学，2019.

[168] 潘瑞炽，董愚得. 植物生理学 [M] . 北京：高等教育出版社，1995.

[169] Liu J，Pang C，Wei H，et al. iTRAQ - facilitated proteomic profiling of anthers from a photosensitive male sterile mutant and wild - type cotton (*Gossypium Hirsutum* L.) [J] . J. Proteomics，2015，126：68 - 81.

[170] Pressman E，Peet M，Pharr D. The effect of heat stress on tomato pollen characteristics is associated with changes in carbohydrate concentration in the developing anthers [J] . Ann Bot，2002，90：631 - 636.

[171] 伊风艳. 苜蓿雄性不育性的转录组和蛋白质组差异表达分析 [D] . 呼和浩特：内蒙古农业大学，2014.

[172] Friedlander M，Mackowiak S，Li N，et al. miRDeep2 accurately identifies known and hundreds of novel microRNA genes in seven animal clades [J] . Nucleic Acids Res，2012，40：37 - 52.

[173] Hofacker I. RNA secondary structure analysis using the vienna RNA package [J] . Curr Protoc Bioinform，2009，26：1 - 16.

[174] Anders S，Huber W. Differential expression analysis for sequence count data [J] . Genome Biol. ，2010，11：106 - 117.

[175] Tamura K，Peterson D，Peterson N，et al. MEGA5：Molecular evolutionary genetics analysis using maximum likelihood，evolutionary distance，and maximum parsimony methods [J] . Mol. Biol. Evol. ，2011，28：2731 - 2739.

[176] 赵彦朋. 棉籽油分合成基因表达谱及棉花 PEPC 基因功能初步研究 [D] . 北京：中国农业大学，2018.

[177] Livak K，Schmittgen T. Analysis of relative gene expression data using real - time quantitative PCR and the $2^{-\triangle\triangle CT}$ method [J] . Methods，2001，25：402 - 408.

[178] 聂虎帅. 玉米杂种优势相关基因的克隆与功能分析 [D] . 长春：吉林大学，2015.

［179］Li S，Dong H，Yang G，et al. Identification of microRNAs involved in chilling response of maize by high－throughput sequencing ［J］. Biol. Plantarum，2016，60：251－260.

［180］Ding X，Zhang H，Ruan H，et al. Exploration of miRNA－mediated fertility regulation network of cytoplasmic male sterility during flower bud development in soybean ［J］. 3 Biotech.，2019，9：22－35.

［181］Mi S，Cai T，Hu Y，et al. Sorting of small RNAs into *Arabidopsis* argonaute complexes is directed by the 5'terminal nucleotide ［J］. Cell，2008，133：116－127.

［182］Nair S，Wang N，Turuspekov Y，et al. Cleistogamous flowering in barley arises from the suppression of microRNA－guided *HvAP2* mRNA cleavage ［J］. Proc. Natl. Acad. Sci. USA，2010，107：490－495.

［183］Alagna F，Cirilli M，Galla G，et al. Transcript analysis and regulative events during flower development in olive (*Olea europaea* L.) ［J］. PloS One，2016，11：e152943.

［184］Liu G，Cao D，Li S，et al. The complete mitochondrial genome of *Gossypium hirsutum* and evolutionary analysis of higher plant mitochondrial genomes ［J］. PloS One，2013，8：e69476.

［185］Tang M，Chen Z，Grover C，et al. Rapid evolutionary divergence of *Gossypium barbadense* and *G. hirsutum* mitochondrial genomes ［J］. BMC Genomics，2015，16：770－786.

［186］Wei M，Wei H，Wu M，et al. Comparative expression profiling of miRNA during anther development in genetic male sterile and wild type cotton ［J］. BMC Plant Biol.，2013，13：66－80.

［187］Fu C，Wang F，Liu W，et al. Transcriptomic analysis reveals new insights into high－temperature－dependent glume－unclosing in an elite rice male sterile line ［J］. Front. Plant Sci.，2017，8：112－127.

［188］夏涛，刘纪麟. 玉米细胞质雄性不育系物质代谢系统的研究 ［J］. 华中农业大学学报，1993 (1)：1－6.

［189］张丽，李霄燕，魏敏棠，等. 萝卜雄性不育小孢子发育过程中物质代谢的研究 ［J］. 安徽农业科学，2002 (3)：326－327.

［190］Ren Y，Zhao Q，Zhao X，et al. Expression analysis of the *MdCIbHLH1* gene in apple flower buds and seeds in the process of dormancy ［J］. Hortic Plant J.，2016，2：61－66.

［191］Poyatos－Pertinez S，Quinet M，Ortiz－Atienza A，et al. A factor linking floral organ identity and growth revealed by characterization of the tomato mutant unfinished flower development (ufd) ［J］. Front. Plant Sci.，2016，7：1648－1663.

［192］Liu H，Tan M，Yu H，et al. Comparative transcriptome profiling of the fertile and sterile flower buds of a dominant genic male sterile line in sesame (*Sesamum indicum* L.) ［J］. BMC Plant Biol.，2016，16：250－263.

［193］Campanoni P，Nick P. Auxin－dependent cell division and cell elongation. 1－naphthaleneacetic acid and 2，4－dichlorophenoxyaceticacid activate different pathways ［J］. Plant Physiol.，2005，137：939－948.

［194］Leyser O. Auxin signalling：The beginning，the middle and the end ［J］. Curr Opin Plant Biol.，2001，4：382－386.

［195］杨传平，刘桂丰，姜静，等. 白桦雄花发育过程中内源激素含量的变化 ［J］. 东北林业大学学报，2002，30 (4)：1－4.

［196］宋福南，杨传平，刘雪梅. 白桦雌花发育过程中内源激素动态变化 ［J］. 植物生理学通讯，2006 (3)：465－466.

［197］Salisbury F B. The dual role of auxin in flowering ［J］. Plant Physiol.，1955，30：327－334.

[198] Cecchetti V, Altamura M, Brunetti P, et al. Auxin controls *Arabidopsis* anther dehiscence by regulating endothecium lignification and jasmonic acid biosynthesis [J]. Plant J., 2013, 74: 411-422.

[199] Jo Y, Ha Y, Lee J, et al. Fine mapping of restorer-of-fertility in pepper (*Capsicum annuum* L.) identified a candidate gene encoding a pentatricopeptide repeat (*PPR*)-containing protein [J]. Theor Appl Genet, 2016, 129: 2003-2017.

[200] Igarashi K, Kazama T, Toriyama K. A gene encoding pentatricopeptide repeat protein partially restores fertility in RT98-type cytoplasmic male-sterile rice [J]. Plant Cell Physiol., 2016, 57: 2187-2193.

[201] Liu J, Liu Z, Yang G, et al. A mitochondria-targeted PPR protein restores pol cytoplasmic male sterility by reducing *orf224* transcript levels in *Oilseed Rape* [J]. Mol. Plant, 2016, 9: 1082-1084.

[202] Li J, Ma W, Zeng P, et al. LncTar: A tool for predicting the RNA targets of long noncoding RNAs [J]. Brief Bioinform, 2015, 16: 806-812.

[203] Gu Z, Huang C, Li F, et al. A versatile system for functional analysis of genes and microRNAs in cotton [J]. Plant Biotechnol. J., 2014, 12: 638-649.

[204] 裴艳铮. 哈克尼西棉不育系线粒体 *orf183* 和 *orf46* 功能初步研究 [D]. 北京: 中国农业大学, 2018.

[205] Wang M, Tu L, Lin M, et al. Asymmetric subgenome selection and cis-regulatory divergence during cotton domestication [J]. Nat. Genet, 2017, 49: 579-587.

[206] Delmas F, Séveno M, Northey J, et al. The synthesis of the rhamnogalacturonan II component 3-deoxy-D-manno-2-octulosonic acid is required for pollen tube growth and elongation [J]. J. Exp. Bot., 2008, 59: 2639-2647.

[207] Guttman M, Donaghey J, Carey B, et al. LincRNAs act in the circuitry controlling pluripotency and differentiation [J]. Nature, 2011, 477: 295-300.

[208] Liu F, Marquardt S, Lister C, et al. Targeted 3′ processing of antisense transcripts triggers *Arabidopsis FLC* chromatin silencing [J]. Science, 2010, 327: 94-97.

[209] Kong L, Zhang Y, Ye Z, et al. CPC: Assess the protein-Coding Potential of transcripts using sequence features and support vector machine [J]. Nucleic Acids Res, 2007, 35: 345-349.

[210] Sun L, Luo H, Bu D, et al. Utilizing sequence intrinsic composition to classify protein-coding and long non-coding transcripts [J]. Nucleic Acids Res, 2013, 41: 166-173.

[211] Wang L, Park H, Dasari S, et al. CPAT: Coding-Potential assessment tool using an alignment-free logistic regression model [J]. Nucleic Acids Res, 2013, 41: 74-80.

[212] Kelley D, Rinn J. Transposable elements reveal a stem cell-specific class of long noncoding RNAs [J]. Genome Biol., 2012, 13: 107-120.

[213] Khemka N, Singh V, Garg R, et al. Genome-wide analysis of long intergenic non-coding RNAs in chickpea and their potential role in flower development [J]. Sci. Rep-UK, 2016, 6: 33297-33306.

[214] Cabili M, Trapnell C, Goff L, et al. Integrative annotation of human large intergenic noncoding RNAs reveals global properties and specific subclasses [J]. Genes Dev, 2011, 25: 1915-1927.

[215] Zhu B, Yang Y, Li R, et al. RNA sequencing and functional analysis implicate the regulatory role of long non-coding RNAs in tomato fruit ripening [J]. J. Exp. Bot., 2015, 66: 4483-4495.

[216] Hu H, Wang M, Ding Y, et al. Transcriptomic repertoires depict the initiation of lint and fuzz fibres in cotton (*Gossypium hirsutum* L.) [J]. Plant Biotechnol. J., 2018, 16: 1002-1012.

[217] Zhang R, Xia X, Lindsey K, et al. Functional complementation of *dwf4* mutants of *Arabidopsis* by

overexpression of *CYP724A1* [J]. Plant Physiol., 2012, 169: 421 – 428.

[218] Ghosh S. Triterpene structural diversification by plant cytochrome P450 enzymes [J]. Front. Plant Sci., 2017, 8: 1886 – 1901.

[219] Azpiroz R, Wu Y, LoCascio J, et al. An *Arabidopsis* brassinosteroid – dependent mutant is blocked in cell elongation [J]. Plant Cell, 1998, 10: 219 – 230.

[220] Tucker E, Baumann U, Kouidri A, et al. Molecular identification of the wheat male fertility gene *Ms1* and its prospects for hybrid breeding [J]. Nat. Commun., 2017, 8: 869 – 878.

[221] Fujioka S, Yokota T. Biosynthesis and metabolism of brassinosteroids [J]. Annu Rev Plant Biol., 2003, 54: 137 – 164.

[222] Grove M, Spencer G, Rohwedder W, et al. Brassinolide, a plant growth – promoting steroid isolated from *Brassica napus* pollen [J]. Nature, 1979, 281: 216 – 217.

[223] Hu J, Chen X, Zhang H, et al. Genome – wide analysis of DNA methylation in photoperiod – and thermo – sensitive male sterile rice Peiai 64S [J]. BMC Genomics, 2015, 16: 102 – 115.

[224] Yu J, Han J, Kim Y, et al. Two rice receptor – like kinases maintain male fertility under changing temperatures [J]. Proc. Natl. Acad. Sci. USA, 2017, 114: 12327 – 12332.

[225] Jin Y, Tang R, Wang H, et al. Overexpression of *Populus Trichocarpa CYP85A3* promotes growth and biomass production in transgenic trees [J]. Plant Biotechnology J., 2017, 15: 1309 – 1321.

[226] Kim T, Hwang J, Kim Y, et al. *Arabidopsis CYP85A2*, a cytochrome p450, mediates the baeyer – villiger oxidation of castasterone to brassinolide in brassinosteroid biosynthesis [J]. Plant Cell, 2005, 17: 2397 – 2412.

[227] Choe S, Fujioka S, Noguchi T, et al. Overexpression of *DWARF4* in the brassinosteroid biosynthetic pathway results in increased vegetative growth and seed yield in *Arabidopsis* [J]. Plant J., 2001, 26: 573 – 582.

[228] Wu C, Trieu A, Radhakrishnan P, et al. Brassinosteroids regulate grain filling in rice [J]. Plant Cell, 2008, 20: 2130 – 2145.

[229] Liu G, Tian H, Huang Y, et al. Alterations of mitochondrial protein assembly and jasmonic acid biosynthesis pathway in Honglian (HL) – type cytoplasmic male sterility rice [J]. J. Biol. Chem., 2012, 287: 40051 – 40060.

[230] Sheoran I, Sawhney V. Proteome analysis of the normal and ogura (*ogu*) CMS anthers of *Brassica napus* to identify proteins associated with male sterility [J]. Botany, 2010, 88: 217 – 230.

[231] Emanuelsson O, Nielsen H, Brunak S, et al. Predicting subcellular localization of proteins based on their N – terminal amino acid sequence [J]. J. Mol. Biol., 2000, 300: 1005 – 1016.

[232] Horton P, Park K, Obayashi T, et al. WoLF PSORT: Protein localization predictor [J]. Nucleic Acids Res, 2007, 35: W585 – W587.

[233] Vogel C, Marcotte E. Insights into the regulation of protein abundance from proteomic and transcriptomic analyses [J]. Nat. Rev Genet, 2012, 13: 227 – 232.

[234] Hanson M, Bentolila S. Interactions of mitochondrial and nuclear genes that affect male gametophyte development [J]. Plant Cell, 2004, 16: S154 – S169.

[235] Sun Q, Hu C, Hu J, et al. Quantitative proteomic analysis of CMS – related changes in Honglian CMS rice anther [J]. Protein J., 2009, 28: 341 – 348.

[236] Holmes – Davis R, Tanaka C, Vensel W, et al. Proteome mapping of mature pollen of *Arabidopsis thaliana* [J]. Proteomics, 2005, 5: 4864 – 4884.

[237] Noir S, Bräutigam A, Colby T, et al. A reference map of the *Arabidopsis thaliana* mature pollen proteome [J] . Biochem. Bioph. Res. Co. , 2005, 337: 1257 – 1266.

[238] Waschburger E, Kulcheski F, Veto N, et al. Genome – wide analysis of the Glycerol – 3 – Phosphate Acyltransferase (*GPAT*) gene family reveals the evolution and diversification of plant *GPATs* [J] . Genet Mol. Biol. , 2018, 41: 355 – 370.

[239] Ariizumi T, ToriyamaK. Pollen exine pattern formation is dependent on three major developmental processes in *Arabidopsis thaliana* [J] . Int. J. Plant Dev. Biol. , 2007, 1: 106 – 115.

[240] Piffanelli P, Ross J, Murphy D. Biogenesis and function of the lipidic structures of pollen grains [J]. Plant Reprod, 1998, 11: 65 – 80.

[241] Bartoli C, Gomez F, Martinez D, et al. Mitochondria are the main target for oxidative damage in leaves of wheat (*Triticum aestivum* L.) [J] . J. Exp. Bot. , 2004, 55: 1663 – 1669.

[242] Tiwari B, Belenghi B, Levine A. Oxidative stress increased respiration and generation of reactive oxygen species, resulting in ATP depletion, opening of mitochondrial permeability transition, and programmed cell death [J] . Plant Physiol. , 2002, 128: 1271 – 1281.

[243] Wan C, Li S, Wen L, et al. Damage of oxidative stress on mitochondria during microspores development in Honglian CMS line of rice [J] . Plant Cell Rep, 2007, 26: 373 – 382.

[244] Laurindo F, Pescatore L, Fernandes D. Protein disulfide isomerase in redox cell signaling and homeostasis [J] . Free Radic Biol. Med. , 2012, 52: 1954 – 1969.

[245] Popova A. Oxidative stress and plant deriving antioxidants [J] . Chem. Methodol. , 2019, 4: 121 – 133.

[246] De Storme N, Geelen D. The impact of environmental stress on male reproductive development in plants: Biological processes and molecular mechanisms [J] . Plant Cell and Environment, 2014, 37: 1 – 18.

[247] Uzair M, Xu D, Schreiber L, et al. PERSISTENT TAPETAL CELL2 is required for normal tapetal programmed cell death and pollen wall patterning [J] . Plant Physiol. , 2020, 182: 962 – 976.

[248] Lei B, Li S, Liu G, et al. Evolution of mitochondrial gene content: Loss of genes, tRNAs and introns between Gossypium harknessii and other plants [J] . Plant Syst. Evol. , 2013, 299: 1889 – 1897.

[249] Dodd A, Salathia N, Hall A, et al. Plant circadian clocks increase photosynthesis, growth, survival, and competitive advantage [J] . Science, 2005, 309: 630 – 633.

[250] Gabaldón T. Peroxisome diversity and evolution [J] . Philos T R Soc B, 2010, 365: 765 – 773.

[251] Acosta – Virgen K, Chávez – Munguía B, Talamás – Lara D, et al. Giardia lamblia: Identification of peroxisomal – like proteins [J] . Exp. Parasitol. , 2018, 191: 36 – 43.

[252] Platta H, Erdmann R. Peroxisomal dynamics, Trends in Cell Biology, 2007, 17: 474 – 484.

[253] Tower R, Fagarasanu A, Aitchison J, et al. The peroxin Pex34p functions with the Pex11 family of peroxisomal divisional proteins to regulate the peroxisome population in yeast [J] . Mol. Biol. Cell, 2011, 22: 1727 – 1738.

[254] Krieger – Liszkay A, Krupinska K, Shimakawa G. The impact of photosynthesis on initiation of leaf senescence [J] . Physiol. Plantarum. , 2019, 166: 148 – 164.

附　　录

附录 A　保守 miRNA 家族中新 miRNA 成员鉴定

miRNA 家族	miRNA 名称	miRNA 序列	长度/nt	最小自由能/（kcal/mol）	最小自由能指数	GC 含量/%
MiRNA156	miRn50	TTGACAGAAGATAGAGAGCAC	21	−92.60	0.88	42.00
MiRNA156	miRn52	TTGACAGAAGATAGAGAGCAC	21	−62.90	0.85	29.60
MiRNA156	miRn65	TTGACAGAAGATAGAGAGCAC	21	−60.90	0.62	39.20
MiRNA156	miRn178	TTGACAGAAGATAGAGAGCAC	21	−58.10	0.61	38.40
MiRNA156	miRn208	TTGACAGAAGATAGAGAGCAC	21	−78.90	0.81	38.80
MiRNA156	miRn242	TTGACAGAAGATAGAGAGCAC	21	−60.60	0.90	46.85
MiRNA156	miRn247	TTGACAGAAGATAGAGAGCAC	21	−73.10	0.78	37.60
MiRNA166	miRn18	TCGGACCAGGCTTCATTCCCG	21	−92.40	1.03	36.00
MiRNA166	miRn111	TCGGACCAGGCTTCATTCCCA	21	−85.30	0.79	43.20
MiRNA166	miRn222	TCGGACCAGGCTTCATTCCCA	21	−82.50	0.79	41.60
MiRNA166	miRn241	TCGGACCAGGCTTCATTCCCA	21	−59.00	0.98	44.44
MiRNA166	miRn174	TCGGACCAGGCTTCATTTCCC	21	−66.00	0.71	37.20
MiRNA166	miRn192	TCGGACTAGGCTTCATTCCCC	21	−65.40	0.70	37.60
MiRNA166	miRn167	TTGGACCAGGCTTCATTCCCC	21	−72.10	0.74	39.20
MiRNA167	miRn181	TGAAGCTGCCAGCATGATCTC	21	−77.60	0.77	40.40
MiRNA167	miRn77	TGAAGCTGCCAGCATGATCTT	21	−52.50	0.58	36.40
MiRNA167	miRn227	TGAAGCTGCCAGCATGATCTT	21	−81.80	0.83	39.20
MiRNA167	miRn158	TGAAGCTGCCAGCATGATCTT	21	−54.20	0.50	43.20
MiRNA167	miRn191	TGAAGCTGCCAGCATGATCTT	21	−73.90	0.79	37.20
MiRNA172	miRn100	AGAATCTTGATGATGCTGCAG	21	−74.00	0.80	36.80
MiRNA172	miRn210	AGAATCTTGATGATGCTGCAG	21	−75.80	0.82	36.80
MiRNA172	miRn75	AGAATCTTGATGATGCTGCAG	21	−67.80	0.76	35.60
MiRNA172	miRn74	AGAATCTTGATGATGCTGCAT	21	−69.30	0.79	35.20
MiRNA172	miRn14	AGAATCTTGATGATGCTGCAT	21	−75.80	0.92	32.80
MiRNA172	miRn22	AGAATCTTGATGATGCTGCAT	21	−67.20	0.76	35.20
MiRNA172	miRn32	AGAATCTTGATGATGCTGCAT	21	−70.85	0.74	38.40

（续）

miRNA 家族	miRNA 名称	miRNA 序列	长度/nt	最小自由能/（kcal/mol）	最小自由能指数	GC 含量/%
MiRNA172	miRn60	AGAATCTTGATGATGCTGCAT	21	−72.80	0.77	37.60
MiRNA172	miRn135	AGAATCTTGATGATGCTGCAT	21	−79.40	0.85	37.20
MiRNA393	miRn39	TCCAAAGGGATCGCATTGATC	21	−65.00	0.77	33.60
MiRNA393	miRn106	TCCAAAGGGATCGCATTGATC	21	−73.88	0.75	39.20
MiRNA393	miRn76	TCCAAAGGGATCGCATTGATC	21	−58.36	0.63	36.80
MiRNA396	miRn17	TTCCACGGCTTTCTTGAACTT	21	−60.64	0.72	33.60
MiRNA396	miRn120	TTCCACGGCTTTCTTGAACTT	21	−69.04	0.82	33.60
MiRNA396	miRn97	TTCCACAGCTTTCTTGAACTT	21	−77.20	0.74	41.60
MiRNA396	miRn61	TTCCACAGCTTTCTTGAACTT	21	−64.90	0.71	36.80
MiRNA396	miRn224	TTCCACAGCTTTCTTGAACTT	21	−74.30	0.73	40.80
MiRNA396	miRn176	TTCCACAGCTTTCTTGAACTT	21	−69.30	0.71	38.80
MiRNA399	miRn34	TGCCAAAGGAGAATTGCCCTG	21	−63.80	0.62	41.20
MiRNA399	miRn91	TGCCAAAGGAGAGTTGCCCTG	21	−82.00	0.75	43.60
MiRNA399	miRn229	TGCCAAAGGAGAGTTGCCCTG	21	−75.50	0.70	43.20
MiRNA482	miRn142	TCTTTCCTACTCCTCCCATTCC	22	−72.60	0.70	41.60

附录 B 本研究使用的公共测序数据统计

SRA 号	物种	组织样品	Reads 数	建库方式
SRR530777	*Gossypium hirsutum*	叶片	7 517 968	Illumina Genome Analyzer Iix single
SRR530778	*Gossypium hirsutum*	叶片	8 444 239	Illumina Genome Analyzer Iix single
SRR530779	*Gossypium hirsutum*	叶片	10 976 742	Illumina Genome Analyzer Iix single
SRR611427	*Gossypium hirsutum*	授粉完成 10 天后纤维	39 661 361	Illumina HiSeq 2000 single
SRR611431	*Gossypium hirsutum*	授粉完成 10 天后纤维	15 839 883	Illumina HiSeq 2000 single
SRR611433	*Gossypium hirsutum*	授粉完成 10 天后纤维	14 768 416	Illumina HiSeq 2000 single
SRR611429	*Gossypium hirsutum*	授粉完成 20 天后纤维	27 264 521	Illumina HiSeq 2000 single
SRR611432	*Gossypium hirsutum*	授粉完成 20 天后纤维	31 985 071	Illumina HiSeq 2000 single
SRR611434	*Gossypium hirsutum*	授粉完成 20 天后纤维	12 377 552	Illumina HiSeq 2000 single
SRR617062	*Gossypium hirsutum*	授粉完成 10 天后种子	26 154 564	Illumina HiSeq 2000 single
SRR617063	*Gossypium hirsutum*	授粉完成 10 天后种子	23 497 848	Illumina HiSeq 2000 single
SRR617064	*Gossypium hirsutum*	授粉完成 10 天后种子	16 530 160	Illumina HiSeq 2000 single
SRR617059	*Gossypium hirsutum*	授粉完成 20 天后种子	19 194 962	Illumina HiSeq 2000 single

（续）

SRA 号	物种	组织样品	Reads 数	建库方式
SRR617060	*Gossypium hirsutum*	授粉完成 20 天后种子	22 345 334	Illumina HiSeq 2000 single
SRR617061	*Gossypium hirsutum*	授粉完成 20 天后种子	30 078 321	Illumina HiSeq 2000 single
SRR617056	*Gossypium hirsutum*	授粉完成 30 天后种子	18 097 223	Illumina HiSeq 2000 single
SRR617057	*Gossypium hirsutum*	授粉完成 30 天后种子	20 015 072	Illumina HiSeq 2000 single
SRR617058	*Gossypium hirsutum*	授粉完成 30 天后种子	14 320 543	Illumina HiSeq 2000 single
SRR617053	*Gossypium hirsutum*	授粉完成 40 天后种子	30 671 706	Illumina HiSeq 2000 single
SRR617054	*Gossypium hirsutum*	授粉完成 40 天后种子	23 123 079	Illumina HiSeq 2000 single
SRR617055	*Gossypium hirsutum*	授粉完成 40 天后种子	23 819 985	Illumina HiSeq 2000 single
SRR943771	*Gossypium hirsutum*	花瓣	36 756 492	Illumina HiSeq 2000 single
SRR392724	*Gossypium hirsutum*	授粉当天胚珠	26 666 668	Illumina Genome Analyzer Iix paired
SRR392725	*Gossypium hirsutum*	授粉完成 3 天后胚珠	26 666 668	Illumina Genome Analyzer Iix paired

图书在版编目（CIP）数据

棉花雄性不育机理研究 / 聂虎帅主编. -- 北京：
中国农业出版社，2025. 6. -- ISBN 978-7-109-33486-1

Ⅰ. S562.035.1

中国国家版本馆 CIP 数据核字第 20251QN078 号

中国农业出版社出版

地址：北京市朝阳区麦子店街 18 号楼
邮编：100125
责任编辑：任红伟　　文字编辑：赵冬博
版式设计：李　文　责任校对：吴丽婷
印刷：北京印刷集团有限责任公司
版次：2025 年 6 月第 1 版
印次：2025 年 6 月北京第 1 次印刷
发行：新华书店北京发行所
开本：787mm×1092mm　1/16
印张：8.25　　插页：4
字数：200 千字
定价：48.00 元
